"青少年互联网素养"丛书

互联网安全
网络信息防火墙

HULIANWANG ANQUAN:
WANGLUO XINXI FANGHUOQIANG

主　编■王仕勇　刘　娴

副主编■曹雨佳

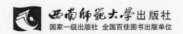

西南师范大学出版社

国家一级出版社　全国百佳图书出版单位

图书在版编目（CIP）数据

互联网安全：网络信息防火墙 / 王仕勇，刘娴主编
. -- 重庆：西南师范大学出版社，2019.11
（"青少年互联网素养"丛书）
ISBN 978-7-5621-9290-9

Ⅰ. ①互… Ⅱ. ①王… ②刘… Ⅲ. ①互联网络—安
全教育—青少年读物 Ⅳ. ① TP393.4-49

中国版本图书馆 CIP 数据核字 (2018) 第 089116 号

"青少年互联网素养"丛书
策　划：雷　刚　郑持军
总主编：王仕勇　高雪梅

互联网安全：网络信息防火墙
HULIANWANG ANQUAN:WANGLUO XINXI FANGHUOQIANG

主　编：王仕勇　刘　娴　　副主编：曹雨佳

责任编辑：郑持军
责任校对：雷　刚
装帧设计：张　晗
排　　版：重庆允在商务信息咨询有限公司
出版发行：西南师范大学出版社
　　　　　地址：重庆市北碚区天生路 2 号
　　　　　邮编：400715
　　　　　市场营销部电话：023-68868624
印　　刷：重庆紫石东南印务有限公司
幅面尺寸：170mm×240mm
印　　张：10
字　　数：149 千字
版　　次：2020 年 3 月　第 1 版
印　　次：2020 年 3 月　第 1 次印刷
书　　号：ISBN 978-7-5621-9290-9

定　　价：30.00 元

"青少年互联网素养"丛书编委会

策　划：雷　刚　　郑持军
总主编：王仕勇　　高雪梅

编　委（按拼音排序）

曹贵康　　曹雨佳　　陈贡芳

段　怡　　阿海燕　　高雪梅

赖俊芳　　雷　刚　　李萌萌

刘官青　　刘　娴　　吕厚超

马铃玉　　马宪刚　　孟育耀

王仕勇　　魏　静　　严梦瑶

余　欢　　曾　珠　　张成琳

郑持军

总 序

互联网素养：数字公民的成长必经路

2016 年，在第三届世界互联网大会开幕式上，互联网传奇人物马云发表了一场演讲。他说，"未来 30 年，属于用好互联网技术的国家、公司和年轻人"。

在日新月异、风云激荡的新科技革命时代，互联网早就深刻地改变了，并将继续改变着整个地球村。国家、公司和年轻人，都在纷纷抢占着互联网高地。日益激烈的互联网竞争，不仅是计算机科学家之间的竞争，是互联网前沿技术的竞争，更是由互联网知识、互联网经验、互联网思想、互联网态度、互联网精神等构成的互联网素养的竞争。

梁启超在一百多年前曾发出时代的强音："少年智则国智，少年富则国富，少年强则国强……少年雄于地球则国雄于地球。"今日之中国少年，恰逢互联网盛世，在互联网的"怀抱"下成长，汲取着互联网的乳汁，其学习、生活乃至将来从事工作，必定与互联网难分难解。然而，兼容开放的互联网是泥沙俱下的，在它提供便捷、制造惊喜的同时，社会的种种负性价值也不断迁移和渗透其间，如何"取其精华，弃其糟粕"，切实增进青少年的信息素养，迫在眉睫，刻不容缓。

毫无疑问，互联网素养是 21 世纪公民生存的必备素养。正确理解互联网及互联网文化的本质，加速形成自觉、健康、积极向上、良性循环的互联网意识，在生活、交友和成长过程中迅速掌握日益丰富的互联网

技能，自觉吸纳现代信息科技知识，助益个人成长，规避不良影响，培育全面的互联网素养，成为合格的数字公民，是时代对青少年的召唤。

党和政府一直高度重视信息产业技术革命，高度重视青少年信息素养培育工作，高度重视为青少年营造良好的互联网成长环境，不仅大力普及互联网技术，积极推动互联网与各行各业融合发展，而且将信息素养提升到了青少年核心素养的高度，制定了《全国青少年网络文明公约》等法律规章，对青少年的互联网素养培育提出了殷切的希望。

摆在读者朋友们面前的这套丛书，正是一套响应时代、国家和社会的呼唤，紧密围绕"互联网素养"与"青少年成长"两大主题而精心策划、科学编写的，成系列、有趣味的科普型青少年读物，涵盖了简史、安全、文明、心理、创新创业、学习、交际、传播、亚文化等多方面话题。丛书自策划时起便受到了著名心理学家黄希庭先生，深圳大学心理学院李红教授，西南大学文学院肖伟胜教授等人的关注。在选题论证、组织编写、项目推进的过程中，重庆工商大学的王仕勇教授，西南大学的高雪梅教授、吕厚超教授、曹贵康副教授，都投入了大量精力。尤其是王教授和高教授两位总主编，在拟定提纲、撰写样章、审读书稿、反复校改中，可谓是不惮繁难、精益求精。丛书还得到了重庆市出版专项资金资助项目、重庆市科委科普资助项目的大力支持。在此，谨向关心和支持丛书出版的专家学者、作者和文化机构表示诚挚的谢忱。

互联网发展迅猛，迭代频繁，有其自身的规律，人们也在不断地认识它，丛书中的很多知识、观点或许很快就会过时，但良好的互联网态度、互联网意识、互联网精神则不会过时。愿广大青少年能早日成为合格的数字公民，为建设网络强国、实现民族腾飞梦添砖加瓦，在互联网时代一往无前，劈波斩浪！读者朋友们，开卷有益，让我们互相砥砺吧！

写给青少年的一封信

亲爱的青少年朋友：

你好！

在这个"秀才不出门，可知天下事"的网络时代，网络已经深深地改变了我们所有人的生活。我们可以通过网络进行视频学习，与我们的朋友畅聊，还可以通过网络感受游戏给我们带来的不同角色体验。但是，网络也并不是完美无缺的，在享受网络带给我们的便捷的同时，也要小心它有可能是一个包装精美的"毒苹果"。在网络中，网络攻击、网络诈骗、网络犯罪时有发生，有的人沉迷于网络不能自拔，学习成绩一落千丈；有的人长时间上网，视力急剧下降；还有的人受到不良信息影响，走上打架、斗殴，甚至是盗窃、抢劫、杀人的违法犯罪道路。

亲爱的同学，我们是祖国的未来，是民族的希望，是家庭的期盼，我们应当树立网络安全意识，让网络安全意识在心中"落地生根"。维护网络安全是每个网民、每个公民，尤其是广大"网络小公民"的义务与责任。我们需要提高辨别网络真假、美丑、善恶的能力，坚决抵制网络诈骗、网络谩骂、网络谣言、网络色情、网络暴力等的负面影响。具体

来说，我们要认真学习安全上网技能，培养良好的安全素质；杜绝简单密码，把好网络安全第一道关口；保护好自己的个人信息，不要轻信虚假中奖等"天上掉馅饼"的好事，避免误入非法分子的网络陷阱和圈套；定期查杀病毒，保持手机、电脑系统安全……

少年强则国强，作为祖国的未来，作为社会主义事业建设的后备军，我们应当积极投身网络安全的建设之中，让网络安全从我做起、从小事做起、从指尖做起！

目 录

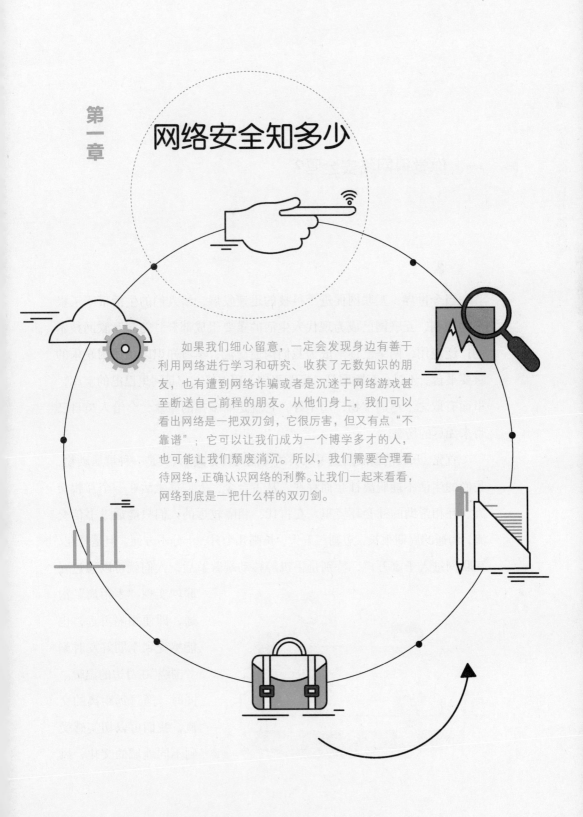

第一章

网络安全知多少

如果我们细心留意，一定会发现身边有善于利用网络进行学习和研究、收获了无数知识的朋友，也有遭到网络诈骗或者是沉迷于网络游戏甚至断送自己前程的朋友。从他们身上，我们可以看出网络是一把双刃剑，它很厉害，但又有点"不靠谱"；它可以让我们成为一个博学多才的人，也可能让我们颓废消沉。所以，我们需要合理看待网络，正确认识网络的利弊。让我们一起来看看，网络到底是一把什么样的双刃剑。

▶ 一、你觉得网络安全吗?

当今世界，互联网促进了科技的迅速发展，给人们的生活带来了极大的便利，互联网已成为现代人生活的重要组成部分。随着互联网技术的广泛应用，网络已逐渐成为我们沟通交流、学习知识以及休闲娱乐的重要平台。不过，互联网是一把双刃剑，用得好，它是阿里巴巴的宝库，里面有取之不尽的宝物；用不好，它就是潘多拉的魔盒，会给人类自己带来无尽的伤害。

首先，互联网彻底改变了人类的交流交往方式。人类是一种群居动物，我们的生活不能脱离社会而存在，从古至今，人们都生活在一个互相交流、互相帮助的社会环境里。在古代，相隔较远的人们只能通过书信交流，沟通的周期很长，短则三五天，长则几个月，十分不方便。但是现在，互联网进入千家万户，特别是手机等移动端普及后，人们就可以通过互

联网实现"零距离"沟通，即便相隔再远，也能感受到亲朋好友时刻"围绕"在身边的温暖。同时，通过远距离的交流，我们可以切实感受到不同地域的文化、风

俗、习惯，可以接触新人、新事、新思想，可以拓宽眼界、与时俱进。可以说，在现代的信息社会中，互联网已成为人们相互间沟通交流的重要途径。

在我国的一些贫困地区，还有不少留守儿童，他们往往要一年甚至是几年才能与父母见一次面，缺乏与父母生活在一起的时光。不过，得益于互联网的普及，很多留守家庭也有了智能手机等设备，利用互联网，留守的孩子们可以随时和父母保持沟通，进行视频聊天，在屏幕中看看彼此。

其次，互联网有利于我们拓展知识。互联网上的资源具有开放性和广阔性，海量储存和时刻更新的互联网资源，为我们拓展知识提供了重要平台。在互联网普及之前，我们主要通过家庭教育、学校学习以及阅读书籍等途径来充实自我，而现在，我们可以方便地在互联网上获取自己感兴趣的知识，可以轻易查找到自己所需要的学习资料，还可以在线听课、与名师交流、展开讨论等。互联网就像是一个巨大的知识宝库，能够让我们在知识的海洋里自由徜徉，获得大量宝贵的知识。

大家都知道，"知乎"是一个分享高质量专业知识的问答平台。很多人都认为这个平台吸引的全是行业精英，殊不知现在很多中小学生也上"知乎"，学习和分享着知识。例如，一个知乎账号名为"某人"的网友，在个人简介上写的是"本人上初一，对法律、历史、政治等很感兴趣，望以后成为法官、检察官或律师"。她现在已经用"知乎"两年多了。她在文章中说："'知乎'上有很多专业人士分享我平时接触不到的知识，扩充了我的知识面，加深了我对一些专业知识的兴趣，还锻炼了我的思辨能力、语言能力等。"由于对法律知识很感兴趣，她经常参与相关话题的讨论，目前有751个粉丝关注她，帖文的浏览量也有近20万次。通过这个互联网平台，她收获了很多书本中学不到的课外知识，也结交到了很多志同道合的网友，这让她感到十分自信，很有成就感。

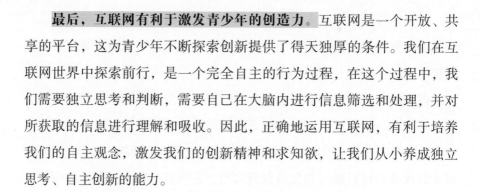

最后，互联网有利于激发青少年的创造力。互联网是一个开放、共享的平台，这为青少年不断探索创新提供了得天独厚的条件。我们在互联网世界中探索前行，是一个完全自主的行为过程，在这个过程中，我们需要独立思考和判断，需要自己在大脑内进行信息筛选和处理，并对所获取的信息进行理解和吸收。因此，正确地运用互联网，有利于培养我们的自主观念，激发我们的创新精神和求知欲，让我们从小养成独立思考、自主创新的能力。

在印度尼西亚，有一名小朋友叫 Fahma，他和其他孩子一样，从小就在互联网的陪伴下长大，但和其他小朋友不同的是，他上网的目的不仅是简单的浏览或娱乐，更多的是思考网络程序是什么、怎么用、如何制作。为了满足内心的好奇，他在 12 岁的时候就开始学习使用 Adobe Flash 进行程序开发，一年多时间，他就已经开发了 5 款手机软件，被人们称作"程序神童"。互联网的天地无比广阔，能够产生无限的可能。

但是，就像任何事情都有两面性一样，互联网给人们带来浩瀚的知识与交流的便捷的同时，它所传播的一些不良信息，也会对我们的心理、道德、行为等方面产生负面影响。

第一，自控能力下降。网络信息的千变万化、网络交友的轻松自如、网络游戏的冒险刺激，这些对我们来说都是不小的诱惑。过度地使用网络，容易让我们产生强烈的依赖心理，逐渐对现实中的学习和生活丧失兴趣，进而意志力消沉，荒废学业，甚至有不少人患上了"网络成瘾综合征"，一离开网络就茶饭不思、六神无主。

　　大家闭上眼睛想一想，自己有没有下述症状：当你上课的时候集中不了注意力，心里总想着网络游戏的场景；你放学回到家里，第一时间就想打开电脑；当你看到爸爸妈妈放在桌上的手机，就情不自禁地想拿起来玩；当你被父母长时间限制上网之后，你会想方设法背着父母上网，甚至是逃课进网吧……如果出现了这些症状，那便说明你的自控能力正在下降，说不定已患上了"网络成瘾综合征"。我们要知道，这些症状是一种心理疾病，看似无病无痛，实际上会对我们的正常学习、工作、生活造成极大的干扰。

　　第二，不适应现实生活中的人际关系。互联网是一个虚拟空间，具有匿名性，人人都能以虚假身份出现，可以无所顾忌地表达自己的想法。一些比较内向的人在网络中能够侃侃而谈，在虚拟的世界里勇敢地展现自我，但面对现实生活场景，却显得无所适从，很难开口，无法适应现实生活。

　　从小活泼开朗的小英一直是家人、老师和邻居眼中的乖乖女。在每次出门上学前，她都会甜甜地向爷爷奶奶说再见，也会礼貌地与邻居叔叔阿姨打招呼。到了学校，小英看到老师会大声地向老师问好。但是，在小学毕业那个暑假，小英迷上了上网，整日泡在网上和网友聊天，浏览一些她感兴趣的论坛，在里面和网友侃侃而谈。上初中后，小英一时无法从网络的环境中走出来，在家时话变得少了，见了邻居和老师也说不出话来。渐渐地，小英在现实生活中越来越难以和他人沟通，更加沉默寡言。

　　第三，养成"网络性格"。过度依恋互联网世界，习惯于虚拟世界的交流与生活，容易让人逐渐脱离现实社会，导致性格异化，甚至形成"网络性格"。"网络性格"最大的特征是冷漠、孤独、恐惧、紧张和非社会化，我们一旦养成这样的性格，将变得越来越内向和敏感，逐渐将自己与社会隔离开来。

　　"江山易改，禀性难移"，一个人如果形成了"网络性格"，矫正起来非常困难，宁宁便是如此。以前的他，开朗、大方，对待谁都"自来熟"，很容易就和他人称兄道弟，打成一片。但是，在迷恋上网络游戏一段时间后，宁宁的性格变得敏感、暴躁起来，认为身边的人都对他不怀好意，要么会"暗算"他，要么想抢夺他的财产。网络游戏让宁宁的性格发生了巨变，他不再愿意相信生活中的人，只肯相信游戏中的队友。由此，他更加沉迷于网络游戏，最终无法自拔。

　　第四，导致价值观念产生偏差。一个人的人生观、世界观和价值观形成于青少年时期，而处于青少年时期的我们，往往好奇心强、自制力弱。互联网上的信息包罗万象，若我们不能识别良莠真伪，便很容易受到不良思想的冲击，导致价值观念产生偏差。

　　在网络中,低级、粗俗、肮脏的语言比比皆是,善于模仿语言的青少年,很容易在无意中被这些语言所污染,成为"出口成脏"的人。而如果经常浏览色情网站、参与网络暴力游戏,我们也会受到色情、暴力环境的污染,一旦感染上这种"电子海洛因",便容易丧失本性,失去对这类负面信息的正常价值判断。

　　第五,导致网络犯罪。网络的隐蔽性导致互联网犯罪层出不穷,处于青少年时期的我们由于在生理和心理上发育不够成熟,对是非缺乏足够的判断力,自我保护意识不强,更容易受到不良分子的利用,走上网络犯罪的道路。当前,因网络而引发的未成年犯罪越来越多,沉迷网络目前已经成了青少年违法犯罪的主要诱因之一。

▶ 二、网络安全事故的罪魁祸首

网络作为一个信息传输、接收、共享的虚拟平台，其存在的本质是为了信息的传播与分享，而在网络发展的过程中，一些不法分子利用了网络中信息迅速传播的条件，通过散布病毒，对他人电脑或手机进行攻击，以实现非法目的。大家可以看看，下面这些就是造成网络安全事故的罪魁祸首。

1. 网络病毒

网络病毒是一种人为蓄意制造的、以破坏为目的的程序，它寄生在系统或者应用程序的可执行部分中，对系统造成直接的安全威胁。网络病毒包含计算机病毒和手机病毒，二者的形成机理、传播方式与危害程度都相差不大，只是传播的载体不同。

计算机感染上病毒后，要么系统运行效率下降，要么系统死机或毁坏，使部分文件或全部数据丢失。计算机病毒都是人为制造的，为的是窃取他人的资料、盗窃钱财等，对用户的危害很大。

手机病毒是一种具有传

染性、破坏性的手机程序。手机病毒可以利用发送短信、彩信、电子邮件，浏览网站，下载铃声，连接蓝牙等方式进行传播，导致用户手机死机、关机、个人资料被删、向外发送垃圾邮件、泄露个人信息等等，甚至会损毁 SIM 卡、芯片等硬件，导致使用者无法正常使用手机。

2. 黑客

黑客最初指的是热心于计算机技术、水平高超的电脑专家，尤其是程序设计人员，后来泛指通过网络非法进入他人系统，截获或篡改计算机数据，危害信息安全的计算机入侵者。目前，黑客利用互联网进行攻击的方法主要有以下几种：

（1）口令入侵。使用某些合法用户的账户和口令登录到主机，进行口令破译后实施攻击活动。

（2）电子邮件攻击。也称作邮件炸弹攻击，指的是对某个或多个邮箱发送大量的邮件，使网络流量增加，占用处理器时间，消耗系统资源，从而使系统瘫痪。

（3）木马程序。黑客把一个能帮助其完成某一特定动作的程序依附在某一合法用户的正常程序中，用户一旦下载并打开程序，木马就会在计算机系统中隐藏，让黑客可以窃取用户资料，甚至远程控制计算机。

3. 系统漏洞

系统漏洞指应用软件或操作系统软件在逻辑设计上的缺陷或错误。不法分子利用它们，通过网络植入木马等方式来攻击或控制整个电脑，窃取电脑中的重要资料和信息，甚至破坏系统。

4. 后门程序

后门程序一般是指那些绕过安全性控制而获取对程序或系统访问权的程序方法。在软件的开发阶段，程序员常常会在软件内创建后门程序以便可以修改程序设计中的缺陷。但是，如果这些后门被其他人知道，或是在发布软件之前没有删除后门程序，那么它就成了安全风险，容易被黑客当成漏洞进行攻击。

三、网络安全离我们有多远?

1. 这些网络安全问题最常见

以下这些是网络上最常见的安全问题，我们应该加强安全意识，注意防范。

（1）受到网络病毒的侵袭

由腾讯发布的《2016 年互联网安全报告》显示，青少年是网络病毒最主要的受害人群，其中，10 ~ 18 岁的年轻用户中毒人数最多，占比高达 78%。近年来，计算机木马病毒数量继续攀升，手机染毒用户更是达到 5 亿。

很多人不知道，为什么电脑或手机用着好好的，突然就死机了，或者屏幕上出现奇奇怪怪的字母；也有人不明白，自己的 QQ 密码、游戏账户从来没有告诉过其他人，但偏偏就被盗了。这些很有可能就

是网络病毒搞的鬼。《互联网安全报告》显示，近年来，电脑端涌现了黑暗幽灵木马、苏克拉木马、暗云Ⅱ Bootkit 木马、Peyta 敲诈木马、"萝莉"蠕虫五大典型的木马病毒；手机端也出现了"粗口木马"、Android 锁屏勒索、"开学通知书"、"刷单助手"等病毒，这些病毒入侵计算机或者手机后，会自动捆绑下载相关应用程序，占用内存，还可能会窃取用户的账户密码等个人信息，甚至实施诈骗、盗窃钱财。

（2）沉溺于网络交友

青少年正处于身心迅速发育的时期，对人际交往有着很强的需求。在现实生活中，由于学习的压力和学校、家庭的管束，往往压抑着情感表达，但在互联网这个虚拟的世界中，大家都隐匿着身份，因此形成了一个十分宽松的交友环境，让很多人热衷于网络交友。但是大家要知道，因为互联网的虚拟性，坐在电脑另一端的，既可能是与你真心交往的朋友，也有可能是心怀不轨的诈骗分子。在这个大家都身份不明、真假难辨的环境中，网友说的话又有几分是真的呢？

（3）沉迷网络游戏

喜欢玩耍是孩子的天性，而玩网络游戏也成了不少青少年上网时的主要消遣。网络游戏的新鲜刺激、无拘无束能让我们从中得到放松和发泄的满足，我们中很多人一陷入网络游戏便无法自拔。我们躲藏在网络游戏营造的虚拟空间里，逃避现实，结交网友，寻求成就感。但是，我们要知道，不少网络游戏带有暴力或色情倾向，对我们的价值观和性格都会产生不良影响，让我们沉迷网络游戏，荒废学业。长时间玩网络游戏会导致焦躁易怒，性格反常，甚至为了玩网络游戏采取抢劫、盗窃等违法犯罪行为。

（4）受到网络不良文化的冲击

网络不良文化主要包括网络恶搞、网络色情、网络暴力等庸俗、淫秽的文化，这些不良文化如今在网络中十分常见。在网络流行语中，存在很多低俗、粗鄙的语言，这是一种"污"文化，不利于塑造我们正确的价值观。淫秽色情信息泛滥也是如今互联网一个十分明显的特点，大量赤裸裸的色情画面不断对我们造成精神污染，严重摧残我们的身心健康。网络暴力也是校园青少年暴力的推手，因为网络中隐匿身份之后肆无忌惮地谩骂、争斗对我们的思想行为有极大的误导作用，让我们在现实生活中会不自觉地去模仿这种行为。此外，互联网上还有很多心怀不轨的人，尤其是一些国外反华势力，不断向我们输送西方的价值观念，冲击我们主流的社会主义核心价值观。这些国外势力甚至培养青少年黑客，引诱青少年从事破坏国家安全的违法行为。

2. 都是不良网络行为惹的祸

互联网已经深刻地影响到我们的生活方式，我们学习、娱乐、生活都离不开网络。但是，很多人并不能很好地驾驭网络这个工具，结果成为网络的受害者，比如通宵达旦上网、沉迷于网络游戏、迷恋网络色情等等，这些行为会逐渐导致我们的价值观产生偏差。我们身边不乏这样一些同学，他们本来是学习成绩优异、听话乖巧的好学生，但由于沉迷于网络，沾染上了说脏话、撒谎等坏习惯，到后来为了上网开始不择手段，成了逃课、打架、沉迷网吧的"坏孩子"，有的甚至为了能有钱上网而走上了抢劫、盗窃的犯罪道路，种种行为让人触目惊心。

（1）网络言行放纵

由于互联网具有匿名性，很多人都以一个虚拟的身份存在。有一句话叫作："在互联网上，没有人知道你是一个人还是一条狗。"在这种虚拟的空间里，人们互相之间不知晓真实身份，缺乏社会公德的约束，因此很多人在交流中脏话连篇，不尊重他人，甚至对其他人进行人身攻击。不少青少年养成了这种言行放纵的不良习惯，在真实生活中也变得口无遮拦，损害了自己的个人品德。

（2）沉溺于色情网站

目前，网络上到处充斥着色情信息，不仅仅存在大量的色情网站，而且在一些普通的网页上也有关于色情信息的弹窗。这些弹窗里往往有大胆裸露的照片和充满性暗示的词汇，这些色情图片、视频、小说会对我们的身心造成强烈的刺激。一旦我们的自控能力不强，就很容易沉溺于其中，严重损害我们的身心健康。

（3）网络交友随意

由于互联网人际交往的便捷性，我们大多数人都有在网上交友的经历，其中一部分人会沉迷于网恋无法自拔。互联网是一个虚拟社会，在网络上与陌生人交友存在着很大的风险。一些不法分子会利用网络交友，诱骗我们上当，继而实施抢劫、强奸、勒索等犯罪行为。

（4）没有正确使用安全防护工具

网络安全工具就是自动检测远程或本地主机安全性弱点的程序，这类安全工具的主要作用就是拦截网络病毒、阻止木马程序、清理软件垃圾等，是保护计算机或手机安全上网，保持运行空间简洁干净的必备工具。但是，目前由于我们中的很多人接触互联网的时间比较短，缺乏网络安全防护知识，在上网的过程中并不注意对计算机或手机的保护，没有安装防护工具，因此计算机和手机很容易被病毒入侵，埋下网络风险的隐患。

3. 为什么受伤的总是我？

中国互联网信息中心发布的数据显示，截至 2019 年 6 月，中国网民总数达 8.54 亿，学生群体占到了总网民数量的 26%，我国网民的低龄化趋势越来越明显，青少年互联网安全问题也更加值得重视。与成年人相比，在互联网面前，青少年面临着更多的危险和挑战。

（1）青少年的价值观尚未成熟，容易受到网络不良信息误导

现阶段，我们正处于生长发育时期，世界观、人生观和价值观尚未

第一章 网络安全知多少

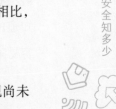

完全成熟。同时，由于我们的社会阅历浅，看问题不够全面深刻，对网络上的信息缺乏辨别能力，很容易受到不良网络信息的误导和侵害。如今，在网络上泛滥的暴力信息、粗俗信息、色情信息、厌世信息等"网络垃圾"，轻则会影响我们的学习、妨碍我们的身心健康，重则会导致我们走上自我伤害的歧途，甚至是走上违法犯罪的道路。

（2）强烈的猎奇心理，喜欢探究未知世界

青少年时期是一个人生理和心理发育的重要时期，处于一个特殊阶段，虽然各方面发育还不够成熟，但已具备探知世界的能力，往往具有好奇心强、求知欲旺盛，敏感、好胜，以及叛逆、富有挑战心理等特点。处于这一发展阶段的我们，对不了解的事物都想探个究竟。而互联网恰恰给我们打开了一扇了解世界的窗口，让我们可以任意地找寻自己想要知道的信息。我们既能利用互联网丰富自己的知识、增长见识，同时又容易陷入不良信息的包围中，影响自己的健康成长。

（3）自控能力弱，容易沉溺于网络无法自拔

处于青少年时期的我们，往往充满了天真烂漫的幻想，思想活跃，接受新鲜事物快，好奇心强，善于模仿，但在这一阶段，我们的自律心还不够强，自控能力较弱，既容易接受新思想，也容易沾染坏习气。我们若长期生活在虚拟的网络空间中，与社会现实脱节，很容易形成不良人格，孤僻、不善交际、情感冷漠，甚至是造成心理畸形或变态。

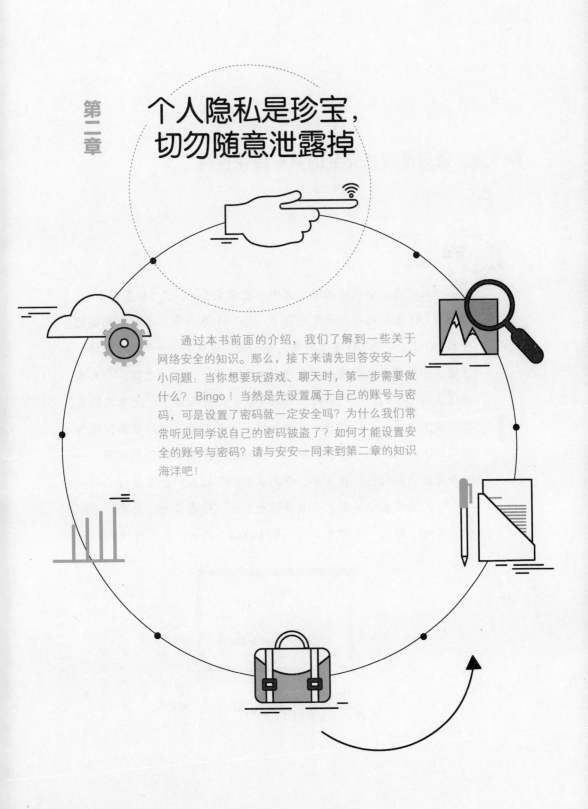

个人隐私是珍宝，切勿随意泄露掉

第二章

通过本书前面的介绍，我们了解到一些关于网络安全的知识。那么，接下来请先回答安安一个小问题：当你想要玩游戏、聊天时，第一步需要做什么？Bingo！当然是先设置属于自己的账号与密码，可是设置了密码就一定安全吗？为什么我们常常听见同学说自己的密码被盗了？如何才能设置安全的账号与密码？请与安安一同来到第二章的知识海洋吧！

一、密码是网络安全的第一层保护网

一天晚上，小焦妈妈刚下班回来就嚷嚷着说："叫你爸爸出来，看他在 QQ 上乱七八糟地发些什么……"小焦一看，果然！妈妈的手机 QQ 上，爸爸 QQ 发来的信息显示着"借钱……急用"的字样。这时，小焦爸爸也颇有点"气急败坏"地说："这你也信，今天我都没上过 QQ 呢！""不好！你的 QQ 一定被人盗了。没准儿现在你没法上了呢。"小焦在一旁提醒道。爸爸打开家里的电脑，输入密码，QQ 登上了。可有两条"好友回复"映入了他们的眼帘——一条是好意询问："我正忙，你怎么啦？"还有一条直接打了一个"？"，显然表示不解。小焦提醒爸爸："你再看看，他是不是给你的其他'好友'也都发了？"事情的结果正如小焦之所料。

小焦赶紧给爸爸出主意："爸爸，你把 QQ 密码马上改了吧。"爸爸听后马上准备动手。不好！这时，小焦爸爸的 QQ 头像忽然"灰"了，意味着那人捷足先登，把他的 QQ 密码改掉了。小焦爸爸试图再次登录 QQ，却怎么也登录不上。"要不你试试找回密码？"小焦继续出谋划策。爸爸点击"找回密码"，经过复杂的认证环节后，终于又能登上自己的 QQ 了，大家沉浸在失而复得的喜悦之中。

过了一会儿，小焦爸爸在 QQ 的"个性签名"处无奈写道："QQ 被盗，请勿相信任何借钱信息！"

 小课堂

小焦爸爸因 QQ 账号和密码被盗到处发出借钱的信息给身边朋友，如果不是小焦提醒，不常常在线的爸爸肯定还被蒙在鼓里，其后果不堪设想。对于密码，你又了解多少呢？

密码被盗，究竟有哪些后果？

我们生活在一个充满密码的世界里，如：QQ 密码、微信密码、手机密码、Wi-Fi 密码、支付宝密码、邮箱密码……我们无时无刻不被各种数字、字母所包围着。对大多数的同学而言，密码只是开启你网络世界的第一关卡，却不知它背后的魔力有多大。它既能让你在精彩美妙的互联网世界中遨游，也可以让你沉溺到黑暗的深海中，充满绝望。有同学会问，"有那么严重吗？丢了大不了再找回来！"不，一旦密码被盗，将有可能产生难以估测的后果。

●**将祸害我们的家人和同学**。盗取密码的不法分子会以你的名义，骗取家人和朋友的钱财。

这不，吴妈妈正在警察局痛苦回忆着被骗的经历：吴妈妈的儿子小瑞在国外学习，母子之间平时都是通过 QQ 交流。这天中午，吴妈妈像往常一样回家打开电脑，发现小瑞的 QQ 头像在闪烁，便

立即点开与"小瑞"聊天。聊着聊着，"小瑞"跟妈妈哭诉："妈妈，这里的消费太高了，您给我的生活费根本就不够用，能不能再给我寄一些钱？"吴妈妈一听，立刻回复道："儿子，你要多少钱？我马上去银行给你汇款。"哪知，"儿子"却以之前汇款的银行正在升级为理由，让吴妈妈把钱打到另外的银行账户。吴妈妈心一紧，暗想："这该不会是骗子吧？"可这时候"儿子"却连发几条消息："妈妈，你要是不想给我寄钱就算了，大不了我出去做兼职打工，明天还要考试，我先睡了。"心疼儿子的吴妈妈立刻出门给"儿子"所提供的账户汇了 2 万元。

等到晚上，吴妈妈又打开电脑和小瑞聊天，并问他是否取到了钱。小瑞很困惑，称从来没有让妈妈寄钱给他，妈妈和骗子聊天时小瑞正在上课。在得知被骗后，吴妈妈立刻报了警。

● 盗号的不法分子通过发送游戏、视频、网站等链接，使对方的手机、电脑中病毒，最终盗取密码。

"你知道他吗？第六个相册有你的照片在里面，网站……不信你自己去看吧。"小帅今天接到这样一条微信消息。心里正在纳闷是谁发的消息时，手已经不自觉地点进了该网站中，可是点进去后却要求登录QQ，好奇心作怪的小帅，又一次点了进去。可是没想到按照指示登录后，小帅的微信账号便被强制发送欺诈信息给好友们，压根就没有相册的影子。就在这时，手机突然弹出一个窗口，"您的账号在另一地点登录，您已被迫下线"，吓得小帅立刻重新登录QQ，可怎么也登录不上，并且还显示密码错误。小帅这才反应过来，所谓的网站其实是一个钓鱼网址，一旦轻信打开并输入QQ账号密码，就中了不法分子的招。

后来在爸爸的帮助下，小帅还是顺利地找回了自己的QQ密码。他也暗自告诫自己：下一次再看见这样的消息，要第一时间"delete（删除）"它！

安全保卫战

密码，如今已是绝大多数人生活中不可或缺的一部分，小到游戏账号，大到银行账户，都离不开这么一串字符。每年都会发生许多网站遭入侵、密码被泄露的事情，除了网站本身安全措施做得不够，更多的原因在于用户密码设置太简单。据美国媒体报道，某安全公司对 1000 万个泄露的密码进行分析后，得出了 2016 年最常用的密码。在这 1000 万个泄露的密码中，有 17% 的用户都选择了"123456"作为自己的密码；排名第二的常用密码比"123456"高明不了多少，因为它是"123456789"；排在第三的是"qwerty"（键盘第一排的几个字母），第四名则是"12345678"。第五名也很好猜，这一密码是"111111"。那么如何设置一个安全又易记的密码呢？安安来支招。

● **"个人特色派"**："jingjing+yuanyuan=friend"这是晶晶常用的其中一组密码，其中有字母有符号，既有汉语拼音，也有英文单词，很难被破解。这组密码虽然长，但并不难记忆，翻译过来就是"晶晶＋圆圆＝朋友"，因为晶晶和圆圆是发小，她们之间的友谊坚如磐石。

● **"圆周率派"**：小王从小就喜欢数学，他的密码就非常有数学特色，是圆周率从第 4 位到第 24 位。他高中的时候就能背圆周率前 70 位数字，一般人当然也可以使用圆周率中的一段数字当密码，只要在用的时候上网搜一下圆周率就可以啦！

名词解释：

社交软件。社交，即社会上的交际往来。而通过网络来实现这一目的的软件便是社交软件。随着时代的改变，伴随着移动互联网的崛起，网络上出现了很多社交软件，例如QQ、微信、微博等。

● **"军迷派"**：小周对各种枪械非常痴迷，他的密码大部分都跟各种枪械名称有关，比如邮箱密码设定为"FN SCAR"，QQ密码设定为"SG550"，电脑开机密码设定为"Steyr"。他称一些潜水艇或者飞机的型号也都可以做密码，除非对方也是军迷，否则根本没法破解。

● **"烂笔头派"**：常言道"好记性不如烂笔头"。大斌告诉安安，为了安全，他的微信、微博、QQ等社交软件的密码都不相同，算起来各种密码有20多组，除了常用的几个密码，其他密码都很容易忘记，他的办法就是把所有的密码都写在专门的密码本里，再将这个本子放在家里最隐秘的地方。嘘！这是谁也不知道的地方。

● **"热爱文学派"**：小白从小就对文学一见倾心，常常沉醉于诗词歌赋的世界中，甚至还提笔作诗，同学们都称他为"小李白"。因此，小白自然要把密码设置与喜爱的"文学风"相结合！比如他的QQ密码——"ppnn13%dkstFeb.1st"，其实就是来自于杜牧《赠别》中的"娉娉袅袅十三余，豆蔻梢头二月初"。这个密码不仅有文学知识，还包括了数学、英语的知识，小白的学识真叫人惊叹！

这么多设置密码的方法，同学们都学会了吗？赶快换掉那些简单、易被破解的密码吧，让自己的账号更加安全，也是对自己和家人、同学的另一种保护！

用日本动漫来告诉你：密码有多重要

在日本火车站台里，常可以见到用可爱生动的漫画图案、有趣幽默的台词，来提醒青少年该如何保护密码的广告。如："这么简单的密码很危险哦！""你知道吗，能保护你的，其实只有密码。""密码要长、复杂、不要重复使用。"等等。这些有意思的广告，你怎会不停下脚步来再多看一眼呢？

第二章 个人隐私是珍宝，切勿随意泄露掉

二、个人信息买卖猖獗，你被"卖"了吗?

小月是名高二学生，在课余时间，她最喜欢的就是网购。多年的网购经验让她成为同学中的"淘女郎"，身边的同学有关于网购的疑惑都会第一时间想到小月，小月简直就是活的"网购百科全书"。

好不容易熬到周五放学后，一想到今晚10点整淘宝有"聚划算"活动，小月立马收拾书包蹦蹦跳跳地跑回了家。到家打开电脑后，经过一番"拼搏"，终于抢到了自己朝思暮想的一条裙子，小月心满意足地关上电脑，美美地睡了一觉。第二天一大早，小月就被一通电话吵醒了，电话那头的人自称是淘宝客服："您好，请问您昨天是否在美喵喵店铺购买了一条价格为89元的裙子?"小月满心疑惑："这不就是我昨晚好不容易抢到的宝贝吗，难道有什么问题?"小月回答道："是的，我昨晚刚买过。"电话那头又解释道："小妹妹，因为昨晚你买的那条裙子存在质量问题，所以我们淘宝店决定赔付189元给你，你只需要按照我给你的步骤操作就可以领取现金。"小月心里一咯噔，心想"还有这么好的事，会不会是骗子?"可是转念一想，这家店是自己平日最喜欢逛的店铺，并且也确实购买过该商品，便信以为真。

接下来，故事的一切发展都在"淘宝客服"的掌握之中。对方告诉小月，要她先在支付宝上授权一项"来分期"业务，以用来测试自己的淘宝信用等级。小月授权成功后，支付宝上的"来分期"上面显示最高可以借贷 500 元。小月告知对方后，对方发来一个网站链接，让小月进去该网站并扫网页上的二维码支付 500 元，以证明她的淘宝信誉，并保证随后这 500 元会和 189 元一并返还。当小月点进该链接网站，扫码支付了 500 元钱后，却迟迟等不到对方的消息。当小月打电话去询问时，却发现电话已打不通了，

小月这才恍然大悟。爸爸妈妈得知情况后，立即报了案，并对小月进行了教育。懊悔之余，小月却怎么也想不明白：骗子为何对我的个人购买信息了如指掌？

小月的个人信息之所以被骗子掌握，是因为现如今倒卖个人信息已成为一个成熟、完整的产业链，像小月这样因为个人信息被倒卖而受到网络诈骗的青少年不在少数。小月所遭受的不幸，不禁让我们思考：骗子是从哪里获得这些信息的？是谁给他们提供了这些信息？个人信息遭泄露的危害还有哪些？

小知识 1：谁是倒卖公民信息的"内鬼"？

随着网络实名制的普及和网络购物、支付平台的兴起，"黑客"破解数据库，通过恶意代码等手段，非法侵入计算机信息系统以获取公民个人信息牟利的现象日益猖獗。目前，"黑客"主要采用钓鱼网站、木马、免费 Wi-Fi、恶意 App 等手段窃取个人信息。此外还有一种"撞库"技术：利用已经泄露的用户名、密码信息，尝试登录各个网站，最终全凭运气"撞"出一些可以登录的用户名、密码。由于很多用户喜欢使用

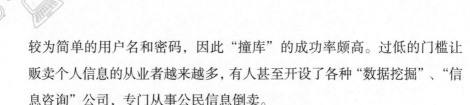

较为简单的用户名和密码，因此"撞库"的成功率颇高。过低的门槛让贩卖个人信息的从业者越来越多，有人甚至开设了各种"数据挖掘"、"信息咨询"公司，专门从事公民信息倒卖。

小知识 2：个人信息遭泄露的危害有哪些?

●**垃圾短信源源不断**：央视曾在"3·15晚会"上对垃圾短信的泛滥情况进行曝光，利用小区短信，可以以基站作为发送中心，向基站覆盖区域内的手机用户发送短信，这一短信系统每10分钟可以发送垃圾短信1.5万条。

●**骚扰电话接二连三**：本来只有朋友、同学或亲戚知道的电话，却经常被陌生人拨打，他们会推销各种产品。你不找他们，他们也会主动找上门。你可能还在纳闷他们怎么知道你的电话之时，你的信息早被卖过不知多少回了。

●**案件事故从天而降**：不法分子可能利用你的个人信息办个身份证干坏事，如果犯了什么案或发生什么事故，公安机关就可能会依据身份信息找到你的头上，就算最后调查清楚也会把你搞得精疲力竭。

●**不法公司前来诈骗**：因为他们知道了你的个人信息，就能编出来一些有鼻子有眼的消息，甚至对你的同学或亲戚知根知底，还能报出姓名与单位，如果你一时之间做出了错误判断，就很容易落入骗子的圈套。

●**冒充公安要求转账**：

胆大妄为的不法分子会冒充公安局的名义，报出你的个人信息，然后说最近经常发生诈骗案件，提醒你某个账户不安全，要你转账。接着会告诉你一个公安的咨询电话，你一打那个电话还会真能得到确认，如果你信以为真，就会上当受骗。

在互联网技术飞速发展的今天，个人信息的安全问题已经变成网络安全问题中的重灾区。不经意间，我们的个人信息就被非法窃取，那么如何防止个人信息泄露呢？

首先，我们先来了解有哪些行为将会使我们的信息处于危险之中？

●**警惕软件泄密**：无论是聊天工具还是软件，往往都会要求注册人上传个人信息，别天真地以为设置了"禁止外人查看"之后别人就看不到了。如今一些应用软件会设置"授权登陆"选项，一旦你授权之后，你的信息将不再是秘密，你的一切信息乃至朋友的信息很容易就被他人窃取。

●**警惕网购泄密**：收货地址会泄露你的个人信息，严重时甚至会威胁你的个人安全。网络购物中，付款后你的地址与手机号码便会被卖家看到，大量的个人信息到了卖家手里，卖家完全可以进行倒卖。同理，如果你没有销毁快递包装上的个人信息，一样可能会将个人隐私泄露给他人。

●**警惕认证泄密**：很多网站进行实名认证时需要上传身份证作为依据，但是这些网站并不能把信息安全保护到位。如果你的身份证与银行卡的扫描件被泄露，将会造成不可预计的后果。

不看不知道，一看吓一跳，原来我们的信息时刻处于危机状态，那我

> **名词解释**：
>
> **实名认证**：是对用户资料的真实性进行的验证审核，以便建立完善可靠的互联网信用基础。实名认证是管理网络秩序采取的必要手段，也是网络实名制的必然产物。

姓名：精致的小猪猪
地址：辽宁省沈阳市
大东区×××街道
××××小区，北门

们该如何防止泄密？

●**互联网加固**：不要随便在网络上填写个人详细信息。实在需要上传证件时，要在明显位置加设水印。网购时的地址尽量不使用家庭地址，不要具体到居室，不要使用真名。经常在互联网上搜索一下自己的手机号、地址、身份证号码，看能不能搜到，如果能搜到，马上联系网站工作人员删除。

●**手机加固**：手机通讯录、短信等涉及安全问题的权限一定要逐个核实并关闭。照片、通讯录等信息的同步要慎重设置。关闭定位软件，以免泄露个人位置信息。安装正规的防护软件。

●**日常加固**：涉及银行账户信息、个人信息的单据一定要销毁字迹后再丢弃。调查问卷涉及个人信息、家庭信息的部分要慎重填写。

最后，坚持一个原则：只要把好第一关，你的信息就会多一分安全。

 安安 百草园 ---

倒卖公民个人信息怎么定罪？

《中华人民共和国刑法修正案（九）》出台之后，非法获取公民信息罪改为侵犯公民个人信息罪，即：违反国家有关规定，向他人出售或者提供公民个人信息，情节严重的，处三年以下有期徒刑或者拘役，并处或者单处罚金；情节特别严重的，处三年以上七年以下有期徒刑，并处罚金。

修改后的刑法罪名扩大了适用犯罪主体的范围，但侵犯公民个人信息罪在实际中的判例并不多。一般的盗取信息、侵犯隐私行为——比如被作为商业信息、当作客户联络等，大都会按照民事案件处理。

三、不用问，我也知道你在哪里

安全 小故事

孙妈妈是一名酷爱"晒"娃的母亲，她总喜欢在自己的微博和朋友圈记录宝贝女儿朵朵成长的点点滴滴。刚换上苹果手机的她，对手机里的"Live Photo"功能情有独钟，常使用它给女儿拍照。

使用 Live Photo 拍摄的照片是动态的，果粉们都称它为"活的照片"。朵朵爸爸和妈妈不同，他不爱"晒"图片，对孩子她妈的做法甚是不解："不知道你一天到晚有什么好晒的！有的图片带有自动定位，会有隐患的！"孙妈妈立刻反驳孩子她爸："没那么夸张，不就是拍点照片吗！这个功能可好玩了，比小视频方便，图片生动，记录孩子的成长有什么不对！"

这天，孙妈妈像往常一样送朵朵去上学，随手在教室门口拍了张孩子笑着挥手和自己说再见的照片，发布到了微博上。没隔半小时，一名叫"随风"的陌生人便给她留言："你女儿读的是大迪小学吧？这所小学特别好！"孙妈妈一下愣住了，心想："他是谁？他怎么知道我女儿的学校？"一种莫

名词解释：

Live Photo： 该功能是新版 iPhone 的新功能，可以拍出一张"活"的照片，更确切地说，它是一段长度为 3 秒、还包括声音的小视频。

果粉： 美国苹果公司电子产品的爱好者，大部分是从 iPhone 开始接触苹果，通过情感认同再延伸消费到苹果的电脑、iPod、iPad，以其对 Apple 品牌产品的执着追求而著称。

名的恐惧感涌上心头。"你怎么知道我孩子读哪个小学？"在焦急等待一会后，"随风"回复道："你发的照片是自带定位的，如果我保存后，就能在我的手机上看到地址了。"孙妈妈立刻用同事的苹果手机试了试，果然如此。孙妈妈立刻删掉了图片，并把自动定位的功能关闭，心里一直后怕："好在这个'随风'并无恶意，如果被不法分子利用，后果不堪设想！"

从那以后，每当孙妈妈想要分享朵朵的可爱照片时，都要仔细检查一遍手机定位的设置，害怕重蹈覆辙。看见晒照不再大意的孩子她妈，朵朵爸爸偷笑："早听我的话不就得了！"

安安小课堂

孙妈妈因为喜欢晒朵朵的点点滴滴，不小心泄露了位置信息，倘若"随风"是名不法分子，故事的结局又会是怎样？表面上只是一张照片，背后却存在大大的安全隐患，究竟是我们自己泄露的隐私，还是我们的隐私被"裸奔"了？生活在"定位时代"的我们，无时无刻不在社交平台上发布个人信息。小冰只要一到新的地方，就会发布自己的最新定位；小艺每每尝到好吃的菜肴，便会分享餐馆的地址；小步就算待在家里，也会晒出自家小区的名字。这些看似微不足道的"分享"，其实为个人隐私泄露埋下了后患，不法分子会通过长期的关注，了解你的生活规律，不用你说，"他"也知道你在哪里。

小知识1：打开手机定位会被别人获取哪些信息？

为了真实地了解情况，安安特意做了一个实验。打开微信中"附近的人"功能，对周围同样打开该功能的人进行了一次"偷窥"。安安发现，出现在列表中的人大多数用的是网名，但也有不少用的是真实姓名，且头像照片似乎也是本人。打开这些陌生人的信息，有的还可以看到其在朋友圈发的"十张照片"，从这些照片和文字中不仅可以了解其兴趣和关注点，甚至可以判断其身份，了解其家庭成员。对这些陌生人，系统自动标记有距离远近，并有"打招呼"的功能，若想进一步了解、沟通似乎并无障碍。而与"附近的人"功能相近的手机应用软件"陌陌"，甚至还标注了年龄和职业等信息。

小知识 2：手机定位与众不同的特点？

●**手机定位覆盖率高**。手机定位的覆盖范围大，就算你身处室内都会被追踪到所在位置。无论你是在教室里，还是在家中，或是在上学的路上，你的个人位置都会被定位。

●**手机定位精度高**。定位精度指的是手机定位位置与所在真实位置之间的接近程度。如朵朵的手机定位是：大迪小学；而真实位置是：大迪小学第二教学楼五年级 2 班靠窗户第三排，两者位置的接近程度，即是定位精度。如今的手机定位技术已经可以达到精度在 50 米以内的概率为 67%，定位精度在 150 米以内的概率为 90%。

安全保卫战 -

随着智能手机的快速发展，各种各样的 App 比比皆是。打开手机应用软件下载市场，知名的、不知名的各类 App 映入眼帘，这其中不乏带有偷偷定位功能的 App。只要你下载成功后，打开这些软件，它都有可能私自打开 GPS 定位我们。除此之外，我们手机的位置被追踪还有哪些渠道呢？

●**手机运营商无所不知**。手机运营商一直都知道你的位置，因为你的手机必须向信号塔发射信号。当然，你无法关闭此类信号，但一般来讲，这些信号不会泄露你的个人信息。

●**都是 Wi-Fi 惹的祸**。很多追踪手机的方法，都是通过 Wi-Fi 网络进

行追踪的。为避免被追踪到，你可以关掉自己手机的 Wi-Fi 连接。

这是不是就意味着我们面对位置追踪只能束手无策？绝对不是！安安现在就给同学们介绍一些小点子，防止位置隐私"裸奔"！

●使用苹果手机，最好关闭"常去地点"，每次使用"查找朋友"共享位置信息后要记得关闭共享。

●对于应用软件涉及位置隐私信息的权限申请一定要慎重。安装软件一定要少些"允许"，应用软件版本更新后一定要记得再次检查权限。

●使用微信"附近的人"等类似功能后，要记得清除位置信息再退出，最好在微信"隐私"选项中关闭"允许陌生人查看十张照片"，关闭"可通过 QQ 好友搜索到我"和"可通过手机号搜索到我"。

●使用运动软件后，不要整天打开定位服务，不需要用到定位时及时关闭。

●发现免费 Wi-Fi 不要随便登录，因为可能被"钓鱼"从而导致泄露重要信息，也可能泄露你的位置隐私。

●没有必要，尽量不要在微博、微信等社交应用平台上发布的图文中标示位置信息。

手机定位功能居然能改善青少年的健康状况？

上文提到手机位置泄露会侵害你的隐私，可是安安最近却听说手机定位功能也有意想不到的优点！快和安安一起来感受这股神奇的力量吧！

近日，国外专家称，青少年喜欢随身带着手机，打开 GPS 功能可精确记录他们在一周里去过哪些地方。别紧张，这样的监视不是为了向他们的父母"打小报告"，而是希望利用这种技术对青少年的校外活动进行管理和提醒，及时发现青少年遇到的健康风险，并加以干涉。如：如果青少年放学后在酒吧附近逗留，他们就会立即收到提醒他们什么是健康生活方式的短信。这与反吸烟的电视广告可不一样，因为短信可在任何时候和任何地方发给青少年。所以专家认为，这样的手机定位功能能提醒青少年改变不良生活习惯，改善生活方式，帮助青少年健康茁壮成长。

四、谨防浏览历史痕迹"出卖"你

小莉最近总感觉身体出现了"异常"，爸爸妈妈又由于工作出差常常不在家，不知道该如何解答自己"身体的疑惑"。小莉打开了电脑，向"百度"发起了提问，这才知道自己的身体正处于青春发育期，女生的第一次来潮也是正常的生理发育现象。小莉这才放下心来，不禁感叹："网络真强大，不仅为我揭开了青春期神秘的面纱，还解除了许多因生长发育带来的困惑和苦恼。"

这天，小莉像往常一样走在放学回家的路上，一想到爸爸妈妈出差今天又不得不独自在家，小莉有些失落。"小莉，放学你准备干吗？"一看，是小莉同班同学小娟和虎子一伙人，虎子是班上最淘气的男孩子。"不干吗呀，回家就写写作业，看看电视，我爸妈今天都不在家。"小莉耸耸肩。虎子眼睛一亮："那太好了，我最近在网上发现了一个特别好玩的游戏，我们去你家玩吧，反正你都是一个人在家。"小莉一口答应了，一路上他们兴奋地讨论着游戏。

刚到家，小莉就迫不及待地打开了电脑，虎子立刻输入了游戏网址，大伙儿便开始在精彩的"游戏世界"里遨游。不一会儿，小莉开始闹肚子，去厕所方便后回来发现虎子看小莉的眼神怪怪的，虎子邪笑道："小莉，想不到你已经如此'成熟'了！"小莉一脸茫然："虎子，你什么意思？"虎子大笑："刚刚你去上厕所的时间，我不小心点到你的历史记录，你猜我们看见了什么？！""天啊！我昨天刚查的记录……"虎子的话犹如晴天霹雳，让小莉的脸"唰"地一下红到了脖子根。小娟立刻制止虎子："虎子，这是女生正常的生理现象，也是他人的隐私，你这样的行为是偷窥小莉的个人隐私。"虎子无奈地说道："我也没想点开，只是我在搜索栏里一打字，就自动出现小莉的浏览痕迹，我真的不是故意的。"小莉咬牙："都怪这该死的浏览记录，网络真烦人！"

安安小课堂

当我们在使用电脑时，操作系统会自动记录用户的一些操作，比如输入过的网站域名、搜索过的关键字、运行记录、播放过的影音文件等。如同故事中的小莉，当虎子在搜索栏上准备输入关键字时，系统会自动弹出之前的搜索历史。肯定有同学想问，为什么会有浏览历史痕迹？常见的记录浏览痕迹的应用有哪些？在操作方便的同时，是否也存在其他风险？好吧，让我们一起来研究研究。

小知识1：浏览历史痕迹到底为"何方神圣"？

历史痕迹多种多样，同学们熟知的有网页浏览痕迹、影音播放器使用痕迹、浏览器工具栏搜索记录、网页保存密码等。它产生于电脑的使用过程之中，不可避免。自从电脑进入 Windows 系统时代后，人们使用电脑的一切操作都被记录并保

> **名词解释：**
>
> Microsoft Windows，是美国微软公司研发的一套操作系统，它问世于 1985 年，起初仅仅是 Microsoft-DOS 模拟环境，后续的系统版本由于微软不断地更新升级，不但易用，也慢慢地成为人们最喜爱的操作系统之一。

第二章 个人隐私是珍宝，切勿随意泄露掉

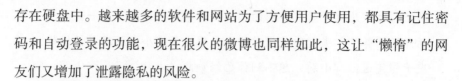

存在硬盘中。越来越多的软件和网站为了方便用户使用，都具有记住密码和自动登录的功能，现在很火的微博也同样如此，这让"懒惰"的网友们又增加了泄露隐私的风险。

小知识 2：常见的记录痕迹有哪些?

1. 地址栏历史。如果你在浏览器的地址栏中输入过"www.sina.com"，以后再想访问这个网站时就不必输入完整的域名了，只要输入一个字母"s"，下拉列表中就会显示曾经输入过的与"s"相关的各种域名，再用方向键或鼠标直接选取就可以了。

2. 自动生成。它可以记录你在表单中输入过的各种内容，如搜索关键字、论坛的用户名、身份证号码、手机号等内容，以后在相应的位置输入一个字符，浏览器就会提示曾经输入过的首字符与之相同的全部内容，甚至连一个字符都不需要输入，直接双击文本框，就能看到过去输入过的所有内容。

3. 网页登录密码自动保存。现在很多主流的网站都支持用户自动登录的功能，浏览器登录过一次之后，下次再访问就不用再输用户名密码了。随着互联网的高速发展，在这个充斥着账号与密码的世界里，每个上网的人都会有多组账号和密码，记忆起来比较困难，因此，这样的功能也可谓是"雪中送炭"。

4. 最近使用的项目。点击"开始"菜单，再选择"最近使用的项目"，就可以看见最近打开过的文件，直接点击文件名就可以快速打开它们，而不必理会它们在哪个文件夹中。同样地，用播放器播放过的音、视频文件，也可以在相应的播放器中找到蛛丝马迹。

安全保卫战

无所不能的电脑可以记录我们的一举一动，这让人有喜有愁。喜的是这会让我们下次工作时更加方便，不用再被烦人的密码弄得晕头转向；愁的是如果我们的隐私信息，如：账号密码、兴趣爱好、求医问药等都可能被人发现，那岂不是很难堪？如何清理电脑的浏览痕迹呢？下面安安就根据"安安小课堂"中所提到的4类浏览记录，来对应地介绍一些清除方法供同学们参考。

● **手动清理浏览器的浏览痕迹——地址栏历史**

第一步：点击你自己常用的浏览器，进入浏览器界面，找到工具按钮。（以360浏览器为例）

第二步：点击"Internet"选项。

第三步：点击浏览历史记录下方的删除键。

第四步：按照你自己的意愿勾选想要删除的内容前面的方框，点击删除即可。

第五步：如果觉得每次都这样操作很麻烦，也可以将"退出时删除浏览历史记录"勾选上，这样当你退出浏览器时，系统就会自动清除浏览记录。

● **清除浏览器关键字记录——自动生成**

第一步：打开浏览器，按照顺序点击："工具"→"Internet"→"内容"→"自动生成"。

第二步：点击"清除表单"，此时会再弹出一个小对话框，内容为："是否清除以前保存的表单条目（密码除外）？"选择"确定"。重启浏览器后，你之前所输入的关键字已全部被清除。

● **清除网页自动保存——网页登录密码自动保存**

第一步：打开浏览器，选择"工具"→"Internet"。

第二步：在"浏览历史记录"一栏单击"删除"。

第三步：打开后会弹出一个界面，把"密码"这个选项选上然后点击删除键，大功告成！

● **关闭"最近项目"——"最近使用的项目"**

鼠标右击打开"个性化"，点击"开始"，关闭"显示最近打开项"。

此外，安安推荐同学们下载一些清理软件，即使对计算机不太熟悉的同学们也可以放心使用，只需轻松点击即可自动完成。在它们的帮助下，

第二章　个人隐私是珍宝，切勿随意泄露掉

同学们可以养成良好的清理习惯，系统会如同保险箱一般坚固，其他人休想拿走你的半点隐私信息哦！

苹果的"泄密门"警醒了谁？

隐私，在词典中的基本释义为不愿告人或公开的个人私事。安安相信同学们心中都有一个自己的"秘密花园"，四周的围栏就是自我保护的屏障。可同学们是否想过，有一天，自己花园的围栏会被拆开，我们的一切"私有"信息都被"透明公开"。

2014 年，苹果公司首次承认，公司员工可以通过一项未曾公开的技术获取 iPhone 用户的短信、通讯录和照片等个人数据，用户对此毫不知情，并且即便知情，用户也无法禁用这项技术。有专家还表示，不仅苹果存在"泄密门"，包括谷歌、Android 系统在内的所有接入移动互联网的智能手机都逃不出信息泄露的危险。看到这里，使用智能手机的同学们，你们背后是否惊出一身冷汗？害怕之余，安安更想提醒同学们：当我们观察世界的时候，其实，也随时被世界审视着。

但愿，苹果"泄密门"的曝光是一个警告，可以推动全社会一起审视个人信息泄露的问题根源，并寻找解决方案。

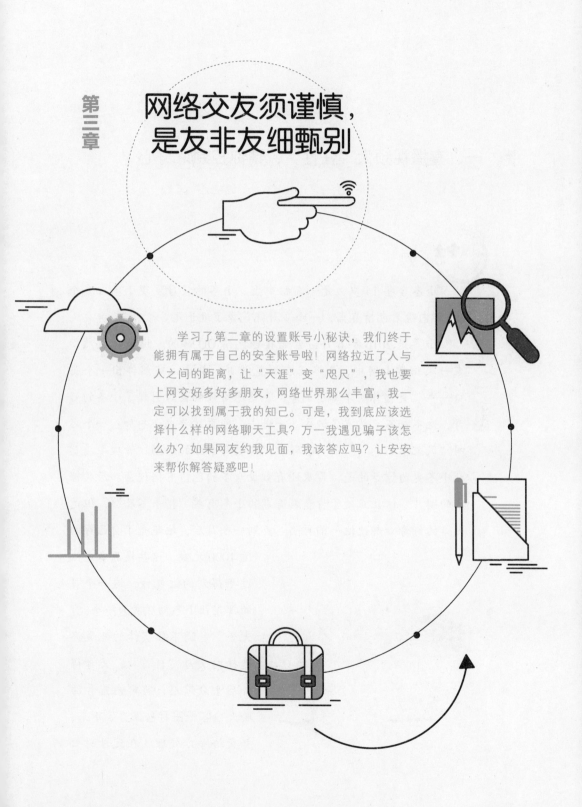

网络交友须谨慎，是友非友细甄别

第三章

学习了第二章的设置账号小秘诀，我们终于能拥有属于自己的安全账号啦！网络拉近了人与人之间的距离，让"天涯"变"咫尺"，我也要上网交好多好多朋友，网络世界那么丰富，我一定可以找到属于我的知己。可是，我到底应该选择什么样的网络聊天工具？万一我遇见骗子该怎么办？如果网友约我见面，我该答应吗？让安安来帮你解答疑惑吧！

一、直播视频太"任性"，请你控制好奇心

安全 小故事

　　小冬今年14岁，是一名初中生。小冬的父母发现小冬在多个QQ群内观看色情直播，一个多月就花费了近千元。

　　小冬是2016年6月份开始接触色情QQ群的。说来也偶然，在一次正常上网中，小冬正在浏览网页，屏幕上突然弹出一个窗口——"直播你所不知道的事"，这个奇怪的窗口引起了小冬的好奇，他不知不觉就点了进去。一进去，网页就要求小冬加入一个名叫"风采依旧总群"的QQ群中，群里有专业的后勤、管理人员。让小冬更为惊讶的是，群里还有数量众多的色情直播视频和污秽裸露的图片。这让正处于青春发育期的小冬有些"措手不及"，但是内心的好奇心却使他一陷再陷。直到一个月后，他花光了自己存的近1000元钱，这些钱原本是他过年得到的红包钱，这一个月的挥霍让小冬彻底成为一个"穷光蛋"。瞒不住实情的他最终选择向父母"自首"，父母得知后十分愤怒，将群内露骨的聊天内容截图打包保存了下来，并交给警方处理。在父母耐心

的教育和引导下，小冬花了很长时间才从这次噩梦中走出来。

目前，在各种网络直播平台上，许多青少年每天动辄几个小时"趴"在直播间里，或看人气主播吃喝炫富，或看秀场主播搔首弄姿，或听美女主播东拉西扯，甚至看另类主播睡大觉，排一晚上队就为等心仪的主播念一声自己的名字。网络直播究竟是怎样的魔鬼，让许多像小冬一样的青少年不顾一切地陷入魔地？为什么一些看似无聊、无趣的直播内容居然还引人追捧？它会对我们的身心产生怎样的危害？

小知识1：你不了解的"网络直播"

2016年，网络直播这种新兴的传播方式以罕见的速度进入广大网民的生活。目前我国的在线直播平台接近200家，网络直播平台用户数量达到2亿，粉丝群体年轻化，许多平台甚至将用户群精准锁定为"90后"和"00后"，青少年每天花在看直播上的时间难以想象。根据第44次《中国互联网络发展状况统计报告》来看，截至2019年6月，网络视频用户总数达到7.59亿人，占网民总数的88.8%。从唱歌跳舞到打游戏、下棋，从化妆、吃东西再到钓鱼、抓鸟，多样化的视频直播内容令人目不暇接。网络直播革新了很多人的娱乐方式，把围观变成了生活的一部分；它改变了普通人一夜成名的方式，为一部分人发家致富提供了新选择。

小知识2：为什么网络直播如此火？

一方面是直播的技术含金量较低，互联技术的进步，大大降低了直播的成本，每一个人都能够成为主播，每一个人都可能得到别人的赞美和礼物。另一方面，直播平台能够走"平民路线"，能够满足主播们的明星梦，让自己的才华得到充分的展示。其实，直播火爆背后的根本原因是潜藏的巨大商机，能够让参与其中的各方都获得丰厚的利益。

小知识3：网络直播真的会"吞噬"我们的身体与心灵吗？

当然，网络直播也有健康优质的内容，比如高校公开课、新闻事件直播等，让青少年沉迷的主要还是"网红"的聊天室。那些实际上毫无信息价值、知识价值、审美价值的无聊、庸俗的直播，却像强大的磁场一样吸引着涉世未深的青少年。

一个成熟的社会有责任为青少年的成长营造健康的环境，对于鱼龙混杂的直播平台必须严加监管。在资本竞相追逐直播平台的同时，网络直播平台的自律公约也必须跟上。

安全保卫战 ---

近年来，网络直播风潮席卷全国，给普通人展示自我、传播信息、实现价值提供了便利，但同时网络直播也是乱象横生，色情、暴力信息频出，影响社会风气，观众更有低龄化趋势。网络直播平台众多，虽然都有禁止未成年人参与直播的要求，但是未能严格执行，仍有未成年人参与直播。那么，应该怎样看待青少年沉迷于网络直播这一现象呢？今天，安安以辩论的形式来引导同学们对网络直播现象进行深入的思考。

正方：只堵不疏只会造成更大的问题和矛盾

有同学表示："如果很多同学都参与过网络直播，而自己没有的话，没参与的人一定会对直播充满好奇，而且会觉得自己和同学们之间有距离了，这也不好。"这种观点认为，青少年在已经完成学习任务的前提下，可以在直播里和其他同学一起聊聊天，这也是一种放松方式。

一位知名的老师认为，现在通过直播，每个人都可以当主角，有的孩子喜欢，家长也同意，这种心态可以理解。"直播一定程度上可以满足孩子们的展示欲和成就感，但青少年的自控力、辨别力不强，需要有家长同意或监管，帮助孩子去把关、调控。"

国家二级心理咨询师孟老师认为："对于网络直播，如果家长一味强制阻拦，便会阻断孩子对新事物的探索，渐渐地也会消灭孩子探索世界的勇气。"

反方：理解归理解，支持不可以

据人民网的一篇文章，《2016 中国网红经济白皮书》调查统计来看，"网红"人数已超过 100 万，八成以上是女性，清一色的锥子脸、高鼻梁、尖下巴。可以毫不夸张地说，直播间就是一个江湖，不适合中小学生玩。直播讲究眼球指数，人气就是财气，为了聚拢人气、吸纳财气，主播以及"后台老板"无不绞尽脑汁，为满足观众的好奇心，甚至不惜做违法犯罪的事。不久前，福建一名市民在某直播平台观看视频，无意间搜到一个小女孩的 4 段视频，其中竟有一段 十来岁小女孩换衣服的不雅视频，要是被坏人利用，后果不堪设想。直播是主播与陌生人互动的一个过程，利益是互动最主要的因素。粉丝打赏主播的动机千差万别，有的纯粹出于欣赏，有的则暗藏个人目的。个别人不惜下重本，在直播间里刷礼物刷到夸张的程度，就是另有所图。中小学生心智未成熟，人生经验不足，辨识能力差，难以识破其中的"套路"，一不小心就可能上了当。退一步，就算不上当受骗，长久浸淫于过度物质化的氛围，对未成年人形成正确的世界观、价值观、人生观也十分不利。（呼特，《如何看待青少年直播现象》，选自《青春期健康》，2017 年第 1 期）

亲爱的同学们，你们赞同哪方观点呢？你对直播有什么看法吗？和同学、老师们聊一聊吧！

解读《互联网直播服务管理规定》

互联网直播作为一种新型传播形式获得了迅猛发展，但部分直播平台传播色情、暴力、诈骗等信息，违背社会主义核心价值观，给青少年身心健康带来了不良影响。还有的平台缺乏相关资质，违规开展新闻信息直播，扰乱正常传播秩序，必须予以规范。

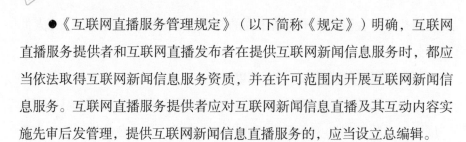

●《互联网直播服务管理规定》（以下简称《规定》）明确，互联网直播服务提供者和互联网直播发布者在提供互联网新闻信息服务时，都应当依法取得互联网新闻信息服务资质，并在许可范围内开展互联网新闻信息服务。互联网直播服务提供者应对互联网新闻信息直播及其互动内容实施先审后发管理，提供互联网新闻信息直播服务的，应当设立总编辑。

●《规定》要求，互联网直播服务提供者应积极落实企业主体责任，建立健全各项管理制度，配备与服务规模相适应的专业人员，具备即时阻断互联网直播的技术能力。对直播实施分级分类管理，建立互联网直播发布者信用等级管理体系，建立黑名单管理制度。

●《规定》提出，不得利用直播从事危害国家安全、破坏社会稳定、扰乱社会秩序、侵犯他人合法权益、传播淫秽色情等法律法规禁止的活动，不得利用互联网直播服务制作、复制、发布、传播法律法规禁止的信息。

▶ 二、网友约会有多坑?

18岁的小茵今年刚参加完高考,考试结束后,小茵就一直在家看电视、玩电脑和手机。7月的一个清晨,她发短信告诉正在上班的妈妈,自己要和同学去广州玩

几天。小茵妈妈考虑到女儿刚结束完紧张的高三,有必要去放松放松,于是就答应了小茵的要求。但之后连续几天打不通小茵的电话,妈妈开始担心。小茵父母找到小茵就读的学校,老师与同学们纷纷帮忙寻找,寻人启事旋即在网络上被大量转发,引起不少网友关注。

在女儿失联一周之后,小茵妈妈选择报警。经过警方侦查,发现小茵并未与同学一起前往广州,而是去河南找网友了。令人十分惊奇的是,小茵还与这位名叫"惆怅的烟"的网友一同登记入住到了某个宾馆。庆幸的是,小茵最终在河南被警方寻到,在父母的陪同下安全返家。

在互联网蓬勃发展的今日,网络交友早已不是新名词,但由之滋生

的青少年被诈骗、被强奸，甚至选择离家出走等问题也层出不穷。对青少年这个特殊年龄的群体而言，"交网友"与书信时代的"交笔友"有许多相似之处，都是通过一定的中介与许多并不相识的同龄或非同龄人结交，扩大青少年的交往圈子，开阔视野，增长知识，只是"交网友"利用的是互联网，而"交笔友"利用的是信件。但是，网络交友毕竟是在一个虚拟的空间中进行的，与现实生活中的人际交往存在着本质上的区别，也存在诸多未知的风险。因此，结交网友应慎之又慎，一定要学会正确与网友交往。故事中的小茜就是因为网络交友而向父母撒谎后离家出走，虽然她没有遇到生命危险，但是身心已受到了严重的伤害。很多血淋淋的案例都告诉我们，与网友见面需要谨慎，那么，作为青少年的我们，究竟该如何正确认识和对待网络交友呢？

小知识 1：你知道青少年网络交友的现状吗？

1. 微信、微博等新交友平台备受同学们的青睐。近期有调查数据显示，66.5% 的中学生有经常联系的网友，40% 的中学生有 1 ~ 5 个网友，11.3% 的中学生有 6 ~ 10 个网友，15.2% 的中学生有 10 个以上网友。而在 2006 年的调查中，有 46.5% 的中学生没有网友，29.1% 的中学生有 1 ~ 5 个网友，9.4% 的中学生有 6 ~ 10 个网友。目前，QQ 依然是活跃在学生中的通信软件，不过近年来新出现的微信、微博等带有通信功能的软件，开始抢占即时通信市场，受到青少年学生的青睐。

2. 同学们对网友的依赖程度越来越高。专家发现，中学生对网友的依赖，存在着一定年龄阶段性特征，初中生对网友的依赖程度要高于高中生，而且从初中一年级到三年级，呈现逐渐降低的趋势。随着年龄的增长与学业压力的增加，高中生对网友的依赖程度整体低于初中生，但也有个别同学呈现出随年级的升高而不断增加依赖程度的趋势。

小知识 2：青少年为什么喜欢通过网络交友？

青少年处于叛逆期，是渴望自我表达的时期，但是这样的欲望往往不能在现实生活中得到充分的满足，当我们的愿望得不到实现时，网络便提供了一个"安全可靠"的空间。首先，网络交友的匿名功能可以让青少年畅所欲言。它给青少年以更大的空间来充分展现自我的各个方面，在与网友的交往中，我们常常会把内心最真实的想法流露出来，渴望得到他人的认同和理解。其次，青少年渴望扩宽自己的"朋友圈"，对外界充满了好奇。网络交友使青少年的交往范围更为广阔，我们可以在网络中寻找到现实生活中暂时和根本无法实现的生活体验。哪怕网友身处异乡，也可以通过网络了解到完全不同于自己生活的世界，结识到意想不到的"知己"，获得被理解和被需要的满足。最后，网络交友可以抚慰青少年的寂寞。网上有句话说："哥上的不是网，是寂寞。"现实生活中往往有一些内心孤独、性格孤僻，总喜欢自己独处的青少年，他们越是被忽视，越想寻找满足和慰藉，于是他们迷恋网络，通过结交网友来安慰寂寞的心灵。

> **扩展阅读：**
>
> **叛逆期：** 青少年正处于心理的过渡期，其独立意识和自我意识日益增强，迫切希望摆脱成人（尤其是父母）的监护。他们反对父母把自己当小孩，而以成人自居。为了表现自己的"非凡"，他们对任何事物都倾向于批判。

 **安全保卫战**

结交志同道合的朋友本是件好事，但如果影响到自己的正常学习和生活，那就需要我们仔细思量了。从现实来看，因网络交友引出的危害是触目惊心的。那么，我们应该如何保护自己，以防被所谓的"知己网友"伤害呢？

● 在网上，不要轻易给出能确定身份的信息，包括家庭地址、学校名称、家庭电话号码、父母的身份、家庭经济状况等。如需要给出，一定要征询父母的意见。未经父母同意，不向网友发送自己和家人的照片。

● 不与网友谈金钱，不涉及利益来往。一般来说，网友之间不应该有借钱行为，因为交网友的目的就是为了吐露心声，而非物质利益的来往。所以，如果遇到这种借钱求接济的网友，应该格外小心。经过确认后，对方如果真的有困难，而且借款金额也在自己的能力范围之内，再行帮助，

第三章 网络交友须谨慎，是友非友细甄别

以免造成自己不必要的金钱损失。

●与网上认识的朋友单独会面要慎重。如果认为非常有必要会面，要到公共场所，并且要有父母或年龄较大的朋友陪同。单独在家时，不要允许网上认识的朋友来访。

●收到带有攻击性、淫秽、威胁等语言的信件或信息，不要回答或反驳，要马上告诉父母或老师。

●始终记住你在网上读到的信息有可能不是真的。例如，一个给你写信的"12岁女孩"，可能就是一个40岁的先生。

青少年网上聊天交友安全守则

1. 凡是那些包含不良信息的网站，都不应该浏览。如果不小心点进了页面，应该马上关闭。

2. 保管好自己的密码，甚至不要告诉你最好的朋友！

3. 网上的朋友很有可能用的是假姓名、假年龄、假性别，可不要轻易上当！

4. 在网上填写个人资料时，除非必要，否则不要过于详细和真实，注意加强个人信息保护意识，以免被不良分子利用。

5. 没有父母或监护人的同意，不要向别人提供自己的照片。

6. 不要理睬暗示、挑衅、威胁等一切令你感到不安的信息，一旦遇到这种情况应立即告诉自己的父母或监护人。

7. 在不熟悉对方的情况下，应尽量避免和网友直接会面，以免给不法分子以可乘之机，危及自身安全。

8. 守法自律，不要参与有害和无用信息的制作和传播。

9. 不要轻信网络流传的信息，对于不熟悉或不知情的邮件和信息不要轻易查看或打开其链接和附件。如发现是诈骗事件，应立即以各种方式通知自己的好友，避免他人上当受骗。

▶ 三、网友借钱是套路，勿把无知当义气

大宇和所有的青少年一样，平时喜欢上网玩 QQ、微博、微信，喜欢交友，最喜欢参与网上组织的轮滑活动。轮滑是大宇从小学开始就特别喜欢的运动，因为轮滑他

结交了不少的网友。在这些网友中，平时经常联系的，也仅限于在网上问个好、点个赞，或者交流共同的话题，大多数都没见过面，不知道他们的真实姓名和所在地区。

这天，大宇像往常一样和爱好轮滑的网友们一起训练完回家，刚躺上床，一则私信出现在了手机上："Hello，大宇，我是之前和你一起练过轮滑的小 K。"一看是曾经一起训练过的网友，大宇也欣然地和小 K 聊起了天。"有什么事吗，小 K？"大宇问道。小 K 断断续续回复道："其实……也没……没什么……就是我最近手头有点紧，我想找你借 300 元钱。"这几天大宇的爸妈出远门，刚好把一星期的生活费留给了大宇。"可是如果把这钱借给了小 K，自己怎么向爸妈交代？"正当大宇犹豫不决的时候，小 K 打来了电话并承诺两天就还钱，让大宇放心。碍于情面不好意思拒绝，犹豫再三后，大宇最终还是通过微信转账的方式将 300 元钱转给了小 K。

但是过了两天后，大宇却没有等来小 K 的还钱。过了一周后，

小 K 还是一直未提还钱的事，大宇只好通过私信进行提醒。没想到小 K 居然回复："不就是几百块的事情，你至于催得那么着急吗！"这下可把大宇惹怒了："我本来就是学生，几百块钱对我来说也不是小数目。"大宇刚把这条信息发送成功，对话框上就显示"你不是他的好友，请验证后聊天"，小 K 居然把大宇拉黑了！一气之下，大宇把此事告知了父母，在他们的帮助下报了警，并把小 K 找其借钱的聊天记录交给了警方。在警察叔叔的教导下，大宇终于明白，网友不等于现实生活中的朋友，一片真心不一定换得到同样的真诚，涉及钱财时，一定要理性谨慎。

原本就不太熟悉的网友，打着朋友的旗帜，葫芦里卖着"借钱"的药，令人非常苦恼。大宇和小 K 原本只是泛泛之交，当小 K 开口时，大宇还是表现出了犹豫，可是小 K 的"真诚"和苦苦相求让大宇感到不好意思拒绝，但是最终出现了让大宇感到愤怒的结局。无论是在网络外，还是在网络上，有人找你借过钱吗？你遭遇过奇葩的借钱场景吗？让安安带着大家来一睹为快吧！

1. 一日，室友问我借 500 元钱，我问："你要干吗？借这么多钱？"室友随口一答："健身。"我一脸茫然："你健身和我有什么关系！"室友露出"阴险"的笑容："你室友身材好一点，你看着也会舒服吧。"我："……"

2. 小冬最近手头有些紧，于是不得已向自己的好友伸手："大斌，借我 100 元钱呗。"无奈大斌也是"两袖清风"，在翻箱倒柜后终于找到一张 50 元大钞。小冬一手抢过，拍拍大斌的肩膀："没事，50 就 50 吧，那你还欠我 50 哟。"

3. 一日放学后，我刚走到我家楼下，就看见同学 A 在大院等着我，我心想他铁定是想参观我妈刚给我买的游戏机，刚想邀请他去我家时，他开口道："林子，我在这儿等了你好久了，最近我把零花钱都用来充值游戏了，你身上还有钱吗？借我一点吧。""借多少呀？"我随口一问。A说只想借十块八块，我心想："上次他找我借钱也是借10块，最后还以忘记的借口赖掉了这笔账。"于是我灵机一动："这样吧，我借你100块。"A的眼睛一亮说："林子，我就知道你大方，太够意思了！""也不是啦，10块钱太少，日后不好意思要。"我机智地回答道。

看见这么多奇葩的借钱场景，你是否也有同样的经历和安安分享？

安全保卫战

生活中，谁也免不了遇到身边的同学、朋友找你借钱的事。遇到熟悉且有信誉的人，而你又有能力帮助，借钱当然不成问题。倘若遇到网友，哪怕是认识多年，但因各种原因不想借予时，就应巧妙地拒绝。安安为同学们总结了一些回应借钱的妙招。

1. 坦诚相待，直接分析

假如遇到可信任的网友借钱，而自己又实在无力帮忙的情况，坦诚说明客观情况，直接拒绝也不失为一个好的方法。当然，这些状况对方应该是也能认同的，这样，不仅不会伤害彼此的感情，还能够赢得对方的理解。

2. 以攻为守，先发制人

这一招的关键是要提前掌握有关信息。在对方未开口之前，先将自己的"经济状况"亮个底，告诉他你现在也缺钱，你还是一个学生，并没有经济来源。此招可谓"先发制人"，避免让人觉得你是在找借口。

3. 一拖再拖，缓兵之计

"拖"指的是暂不给予答复，当对方提出要求时你表示很愿意帮助他，但是出于某些客观原因，不得不再等一等才能予以答复，对方可能会另想办法。拖也是一种体面的借口，不伤害对方的面子，容易为对方所接受。

4. 巧妙转移，迂回战术

不好正面拒绝时，只好采取迂回的战术。转移话题也好，另有理由也可，主要是善于利用语气的转折——温和而坚持，绝不会答应，但也不至于撕破脸。比如，先向对方表示同情，或给予赞美，然后再提出理由，加以拒绝。这样对于你的拒绝对方也较能以"可以体会"的态度接受。

5. 沉默应对，假装不知

常言道："沉默是金。"当你收到对方向你借钱的消息时，你可以不用先着急回复，给对方营造出一种"你不在线"的错觉。过几天后，你再进行回复，并谎称自己由于各种原因未看见消息，这时候如果对方已借到钱，你可表示歉意；如果对方继续向你借钱，你可以参照以上几点。

还处于学生阶段的我们，生活主要依靠父母，当有人向你发出救急信号时，别凭你的一时意气去处理。特别是这种通过网络结识的朋友，并不知根知底，最好别与其产生经济往来，以免给自己带来不必要的负担和麻烦。

测一测你在友情中是什么角色？

人们都说"钱可以反映出一个人的品行"，同样地，借钱也可以看出你在友情中所扮演的角色。（温馨提示：别提前偷偷看答案哟。）

如果你的同学、朋友手头不方便，开口向你借钱，你借还是不借？

A. 绝对借

B. 量力而为

C. 立借据才借

D. 婉转拒绝

分析：

A.选"绝对借"

你是一只小绵羊，当心遇到狼。在潜意识里，你对自己信心不够，不敢得罪身边的同学、朋友，怕对方因此心存芥蒂。睁开眼睛吧！如果友情中有金钱上的纠葛，很危险，小心你的好意被他人利用。

B.选"量力而为"

能帮则帮，不能帮就算了，不委屈自己也不壮烈"成仁"，因此也不会为金钱所苦，在友情上能伸能屈，是个豪爽的朋友。

C.选"立借据才借"

情理分明的人，不会被两个人的友情冲昏了头，因此你在友情中可能得灌输给对方"亲兄弟明算账"的观念。你的理智重于感性，虽然有时候可能不招人喜欢，却是聪明人。

D.选"婉转拒绝"

在金钱上，你一板一眼的。因此在与朋友的交往中，你绝对不愿和金钱纠缠在一起。过于精明可能是你的致命伤，如果你的朋友也是一个精明的人，你们之间或许会存在误会。

（改编自钟运荣主编的《性格心理测试》，珠海出版社，2002 年）

四、用火眼金睛辨别社交网站

安全 小故事

"我要在你们俩睡觉的时候杀了你们！"这个面露凶光，名叫海蒂的13岁女孩对父亲拳打脚踢，然后一口咬住了他的胳膊。父亲约翰疯狂地摇晃着海蒂："你什么时候变成了这样！"母亲梅拉尼则在旁边哭泣着。这已经是海蒂一周内第二次因为父母没收了她的笔记本电脑和手机，封锁了她的社交媒体而出现暴力行为，这也是她第二次被送到精神科急诊室了。

当海蒂的父母第一次给心理医生打电话求救前，他们心中的海蒂是一个甜美、快乐、可爱、善良的女孩，是老师的宠儿，是父母的骄傲，仿佛使用世间所有美好的形容词形容她都不为过。他们告诉医生："一切都源于7年级时，她把学校发的笔记本电脑带回

家。"这台安装了谷歌课堂（Google Classroom）的笔记本可用来学习知识，然而上面同样安装了各种社交软件。

父母发现海蒂逐渐着迷于社交聊天室，每晚都要在上面花上几个小时。这之后海蒂又迷上了Youtube（视频网站）上的淫秽视频，还

和其他线上玩家一起玩起了让人上瘾的进阶游戏。

在这一年中，海蒂的父母目睹了他们的女儿从一个喜欢和父母在一起的甜美纯真的女孩，逐渐变成了一个满口污言秽语的暴力分子。最终，她成了一位需要接受精神治疗的病人。

安安小课堂 --

微信、QQ 等社交软件已经深入青少年的日常生活，并日渐让他们上瘾。如果你仔细观察身边的同学朋友，你就会认同一个观点——他们看起来总是离不开智能手机，或者更准确地说是手机里的社交媒体平台。当然，故事中的海蒂是一个极端的例子，她不仅不能离开她的电脑与手机，并且还在父母没收它们后产生了抵触心理和暴力行为。有数据显示，约 20% 的人每天玩新媒体 7 小时以上，如果

> **名词解释：**
>
> **社交媒体平台**是人们彼此之间用来分享意见、见解、经验和观点的工具和平台，现阶段主要包括微博、微信、博客、论坛、播客等。

长时间不能使用社交软件，将近一半的青少年表示"感觉与世界失去联系、烦躁不安"。越来越多的证据表明，过分沉浸于社交媒体和虚拟世界易引发成瘾、抑郁等一系列心理问题，而青少年在这方面格外脆弱。这不禁让同学们思考，社交媒体究竟有着怎样的魔力，让我们成为它的"囚奴"？过度使用社交软件会带来哪些危害？是否会像海蒂一样产生极端行为？如果对其加以控制，它是否又会为我们带来惊喜？

小知识 1：为何我们痴迷于社交媒体？

一项最新的神经科学研究发现，当青少年看见发布在社交媒体上的内容获得他人的"点赞"时，将激活大脑的"奖赏系统"，比如当你在体验吃巧克力或赢钱这类令人愉快的事情时，大脑的这个区域将被激活。换言之，获得他人的赞美满足了成长所需的虚荣心。研究者还发现"点赞"甚至有累积效应：当你看见你的朋友在给一张照片或内容点赞时，你也会

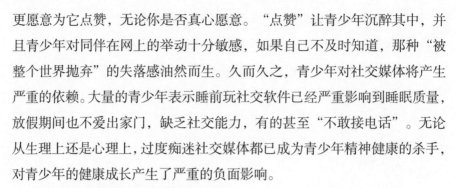

更愿意为它点赞，无论你是否真心愿意。"点赞"让青少年沉醉其中，并且青少年对同伴在网上的举动十分敏感，如果自己不及时知道，那种"被整个世界抛弃"的失落感油然而生。久而久之，青少年对社交媒体将产生严重的依赖。大量的青少年表示睡前玩社交软件已经严重影响到睡眠质量，放假期间也不爱出家门，缺乏社交能力，有的甚至"不敢接电话"。无论从生理上还是心理上，过度痴迷社交媒体都已成为青少年精神健康的杀手，对青少年的健康成长产生了严重的负面影响。

小知识 2：社交媒体可怕在哪里？

网络是一种有用的工具，但是很多同学不知道如何适度地使用它，殊不知，使用不当很容易产生不良后果。你这么喜欢刷微博、聊微信，但它们真的值得让你付出健康的代价吗？在读完下面的社交媒体对你的生活带来的不良影响后，你可以自己来决定。

1. 阻挠人们面对面的交流，减少人与人的互动。 沉迷于社交媒体不仅减少了你与身边的同学、朋友相处和交往的时间，而且当你把注意力集中在电子设备上而不是身边人时，你的朋友也会开始厌烦与你交往，最终你所有的朋友只不过是屏幕上的头像而已。

2. 分散你的人生目标，影响你的学习成绩。 人们很容易被社交媒体牵扯过多精力，以至于忽略了真正的生活目标。尤其是青少年，很容易被互联网中五光十色的明星所吸引，去追求互联网上的明星，而不是通过努力学习去完成自己的梦想。

3. 易导致情绪不佳，严重者甚至会患抑郁症。 人们在缺少真实社交的情况下，很容易出现身体和心理上的问题。这是因为人乃群居动物，需要通过与他人的真实接触来形成自己的思想，并从中寻找生活的意义。如果人们在青少年这一关键时期缺少正常的人际交往，必定会给自己的成长带来负面影响。

4. 损害你的创新力，降低完成功课的效率。 研究发现，浏览社交媒体网站时，我们的大脑和无意识地看电视的状态相似，时间长了，大脑的兴奋度就会显著降低，进入昏昏沉沉的状态，意识无法集中。如果你想今天完成功课的效率高些，那就直接卸载那些社交应用吧！

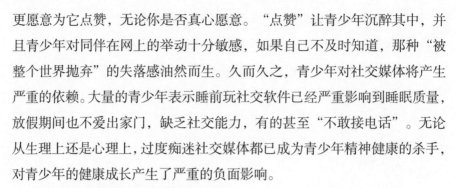

5.影响你的睡眠质量，扰乱你的作息规律。有专家表示，使用互联网设备的时间越长，面临的失眠风险就越高。事实上，影响睡眠的并不是使用了手机，而是你使用手机在做的事情，所有的社交软件都在过度刺激你的大脑。

所以，同学们，户外阳光明媚，天朗气清，需要用你的双眼、你的双手去感受、去触碰，放下手机吧，让我们走进美好的现实世界里！

安全保卫战 ------------------------------------

微博、微信、人人网等社交媒体已经改变了我们的生活，既方便了我们，也产生了一些消极作用，如果沉迷于这种虚幻的世界，对自己就只有百害而无一利。下面，就让安安来给同学们梳理一下如何利用这些主要的社交媒体做有意义的事情，让社交媒体发挥出积极的价值。

●**如何使用微博**。微博是现在较热门的一款社交软件，你可以在第一时间掌握最新的消息，你还可以发表内心的真实感受，这也是一种提升自我信心的方式，但是一定要适可而止。

●**如何使用微信**。微信已然是国内移动媒体中使用量最大的 App 了。微信中的朋友圈可以看到一些好友的状态，并且人们对于状态的回复也只有相互之间是好友的人才可以看到，它的隐秘性可以让人们的对话不

被他人窥视。此外，由于微信非常方便快捷并且安全，所以社团或者班级利用微信讨论事情也是一个不错的选择，大家可以利用微信建立学习小组，交流学习经验，促进共同成长。

●**如何使用知乎**。知乎是一个虚拟的网络问答社区，社区氛围友好且理性。无论你是在成长道路中遇到挫折，还是在学业上有所疑惑，知乎里的"大神"都能为你解除烦恼。此外，知乎上有许多优秀的文章，如果你是一名爱阅读、爱思考的青少年，知乎里面的很多文章会让你受益颇丰。

●**如何使用贴吧**。对很多人来说，贴吧是一个进来了就不想出去的地方，也是浪费时间比较多的地方。但是你可以选择关注一些有意义的东西，比如与你的学业、爱好相关的知识，在上面交流经验，解决困惑，听听别人的故事，不断鞭策自我，继续奋力前进。

社交媒体玩多了会变笨?

最新研究显示，欧洲青少年近年的智力发展状况十分不理想。专家认为，孩子的思考能力在相当程度上受了社交媒体的"拖累"。

英国媒体报道称，新西兰著名学者詹姆斯·弗林对一项跨度长达30年的智力测试结果进行研究后发现，当今欧洲一些国家青少年的智力发育状况呈现出下降趋势，十分令人担忧。他表示，自己虽无法确定青少年智商下降的准确原因，但认为孩子对网络世界的依赖与痴迷与这一趋势息息相关。比如，之前的人们在业余时间会阅读文学名著，而随着各种社交软件的问世，现今的孩子沉迷于网络，阅读能力和专注力被大幅削弱。另一方面，学校为了适应学生的智力状况，也在"下调"课业难度，不再引领他们阅读有深度的资料、解决棘手的问题，从而形成"恶性循环"。

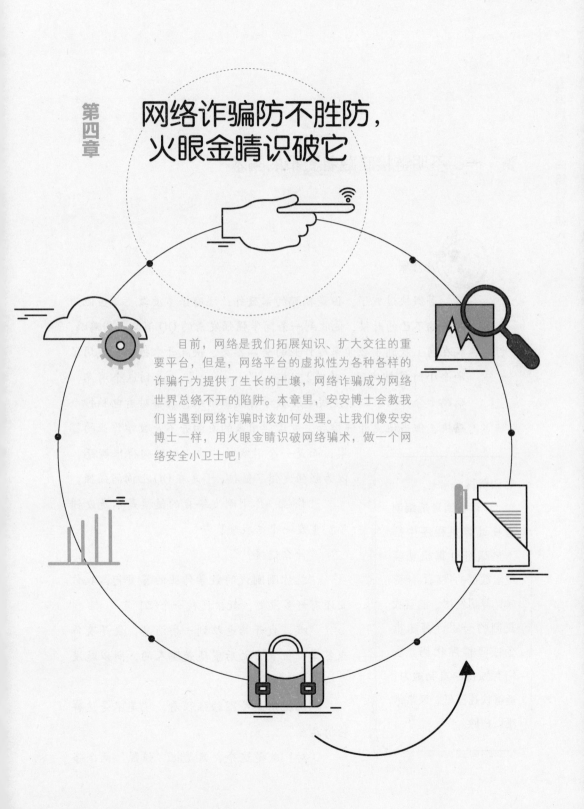

第四章

网络诈骗防不胜防，
火眼金睛识破它

目前，网络是我们拓展知识、扩大交往的重要平台，但是，网络平台的虚拟性为各种各样的诈骗行为提供了生长的土壤，网络诈骗成为网络世界总绕不开的陷阱。本章里，安安博士会教我们当遇到网络诈骗时该如何处理。让我们像安安博士一样，用火眼金睛识破网络骗术，做一个网络安全小卫士吧！

▶ 一、不明链接暗藏着狡猾的骗术

安全小故事

暑假快过完了，但是鹏鹏的家庭作业还有很多没做，正当他为此苦恼不已的时候，他收到一条同学强强发来的QQ消息："鹏鹏，我在网上找到了数学家庭作业的全部答案，快点开来抄吧，我用了半个小时就抄完了，哈哈！http：// www……"一看到这个消息，鹏鹏十分开心，二话没说就把数学作业拿出来，准备对着电脑抄个痛快。但当他点开链接后，发现弹出来的页面并不是数学作业的答案，而是一个游戏的广告。鹏鹏觉得很疑惑，以为强强发错了链接，于是在QQ上询问强强。

"强强，你刚刚发给我的链接是不是发错了？重发一个给我呗！"

"什么链接？"

"就你刚刚说的数学作业的答案啊，我作业还有好多没做，赶紧发我一个吧！"

"哦，我开始也收到一条消息，说是有作业答案，但点开之后发现是骗人的，所以就没发给你。"

鹏鹏把消息截图给强强看，"是不是这样的消息？"

"对！就是这个，只是把'强强'两个字

名词解释：

计算机病毒是编制者在计算机程序中插入的破坏计算机功能或者数据的代码，能影响计算机使用、能自我复制的一组计算机指令或者程序代码。它们有独特的复制能力，能够快速蔓延，又常常难以根除。

换成了'鹏鹏'，其他都一样。"强强看了之后说。

明明强强没有发消息给鹏鹏，鹏鹏怎么会收到呢？正当他们觉得疑惑的时候，鹏鹏的爸爸打电话来质问他："为什么要在网上抄作业？"这时，鹏鹏才意识到，他爸爸也在QQ上收到了那条消息。

原来，鹏鹏在点开链接后，他的电脑就中了计算机病毒，这个病毒把刚刚那条消息，以鹏鹏的名义又转发给了其他的QQ好友。这样一来，只要点开过该链接的人，电脑也会中病毒。

安安小课堂 -

在现实生活中，我们可能经常会遇到这种通过QQ或者短信进行诈骗的骗术，骗子冒充我们的亲朋好友发来消息，而消息中的链接含有骗子植入的木马病毒，只要一点开，手机或者电脑就会中病毒，自己的个人资料、账户密码等信息就会被盗用。以前，诈骗链接比较单一化，骗子会用诸如中奖、手机欠费等手段行骗，这类信息比较常见，比较容易被识破。但现在骗子的手段越来越高明，往往会选择"精准行骗"，也就是先摸清你的爱好、经常浏览的信息、身边的好友、最近遇到的事情等与你相关的消息，然后再一步步向你"下套"，令你防不胜防。

就像案例中的鹏鹏，由于他的身份是学生，而很多学生都会在开学之前赶作业，因此骗子抓住了学生这个特点，将携带木马病毒的链接包装为暑期作业答案，有针对性地对学生发送，让他们很容易上当。鹏鹏与大多数小朋友一样，对网络的了解程度不够，生活经验不足，缺乏一定的网络防骗安全意识，因此轻易地就落入了骗子设置的圈套。

安安博士了解到，现在的网络诈骗行为很多，诈骗分子针对不同的

第四章 网络诈骗防不胜防，火眼金睛识破它

人群，会编辑不同类型的诈骗信息，每条看起来都和人们的生活实际息息相关，几乎以假乱真，让人很难辨别。例如，有针对游戏玩家的消息："尊敬的×××，您好！我是英雄联盟的官方客服，您名为××的账号最近检测到异常，请迅速登录http：//www……修改您的账户信息,避免被盗号。"有针对学生家长的短信："××家长，您好！我是××学校×班的班主任，这是您孩子期中模拟考试的成绩单，请点击http：//www……查收。请家长督促子女认真复习，谢谢。"还有针对车主的诈骗信息："尊敬的××：您车牌为××·×××××的车辆有5条超速违章记录，请在×月×日前下载手机客户端http：//www……查询和处理违章，逾期将罚款。"骗子通过各种渠道获知我们的个人信息，然后伪装成各种各样的身份，用诸如此类的消息每天"轰炸"我们，引诱我们上当。

安全保卫战

　　鹏鹏的例子告诉我们，网络上的风险无处不在，一个看似很熟悉的朋友发来的信息，也很可能存在风险。因此，安安博士提醒大家，无论在QQ、微信还是手机短信上，只要收到了含有链接的信息，都要三思而后行，千万不要盲目点开。当然，我们不能对这类消息一票否决，而是要学会辨别，让自己既不错过有用的网络信息，又远离诈骗陷阱，这需要我们从几个方面加强防范意识。

　　1. 用"防火墙"把电脑或手机保护起来。目前，市面上有很多收费的或者免费的杀毒软件，可以主动拦截一些木马病毒，一旦你打开一个

不明链接，杀毒软件就会提示该链接存在风险。对一些常见的木马病毒，杀毒软件一般会主动拦截并删除；而对一些疑似含有木马病毒的网站，杀毒软件则会进行提醒，并提醒你关闭网页。杀毒软件的防火墙对于拦截病毒链接有很大的作用，每个人都应该学会使用并好好加以利用。

2. 确认信息真实性后再点开链接。 在收到含有链接的 QQ 消息或者短信的时候，无论显示的发送者是自己的亲人还是好友，尽量先确认对方的身份，保证链接的安全性之后再点开。当前，诈骗分子通常通过盗取别人的号码之后伪装成好友作案。就像案例中的强强，由于他和鹏鹏是现实生活中的好朋友，彼此互相信任，因此强强发过来的信息，鹏鹏毫不犹豫地就相信了。然而，鹏鹏没有想到，用强强 QQ 发信息的不一定是他本人，还可能是盗取 QQ 号的诈骗分子。因此，我们在点开不明链接之前，应尽量先通过其他方式确认之后再打开。

3. 第一时间清理木马病毒。 如果已经不小心点开了携带木马病毒的链接，让电脑或者手机感染上了病毒，那就要在第一时间清除病毒。首先，要立刻用杀毒软件清理病毒。我们能够通过杀毒软件删除一些普通的木马病毒，但一些顽固的病毒则会一直附着在你的电脑或手机上，只有重装系统才能解决。因此，当电脑或者手机中了顽固的病毒后，最好暂时不要使用，先断网，避免病毒通过网络扩散，然后送到维修点找专业人员进行病毒查杀处理。

4. 尽快修改账号密码。 一是修改 QQ、微信等社交软件的密码，避免诈骗分子在盗取密码后向好友发送诈骗信息；二是修改支付宝、网银等交易平台的密码，防止诈骗分子盗取钱财。在修改密码时，尽量换一台

扩展阅读：
　　四种常见的计算机病毒：
　　1. 系统病毒。这些病毒的一般特性是可以感染 Windows 操作系统的 *.exe 和 *.dll 文件，并通过这些文件进行传播，如 CIH 病毒。
　　2. 蠕虫病毒。这种病毒的公有特性是通过网络或者系统漏洞进行传播，大部分的蠕虫病毒都有向外发送带毒邮件、阻塞网络的特点。
　　3. 木马病毒、黑客病毒。木马、黑客病毒往往是成对出现的，即木马病毒负责侵入用户的电脑，而黑客病毒则会通过该木马病毒来对他人电脑进行控制。
　　4. 脚本病毒。脚本病毒是使用脚本语言编写，通过网页进行传播的病毒。

第四章　网络诈骗防不胜防，火眼金睛识破它

电脑或手机，不要让木马病毒盗取修改后的账号密码。

5. 及时向好友告知中病毒情况，提醒大家注意防范。被盗号后，诈骗分子会不断向好友发送诈骗信息，因此在找回账号密码后，要第一时间群发消息或者发朋友圈通知好友，让好友们注意不要点击携带病毒的链接，避免大家上当受骗。

维护网络空间的安全，需要每个人做出努力，面对网络诈骗的时候，不仅自己不要上当，还要帮助身边的好友甚至更多人免受伤害。因此，如果收到诈骗信息，你可以把自己当作"网络安全小卫士"，帮助国家有关部门打击网络诈骗。一方面，可以拨打手机运营商或者 QQ 等社交平台的客服热线进行举报，商家会采取封号等形式阻止诈骗分子继续行骗。另一方面，可以登录 12321 网络不良与垃圾信息举报受理中心的官方网站（http: //www.12321.cn/），填写相关内容进行举报。这是国家打击网络诈骗的官方渠道，有关部门会及时采取措施制裁诈骗分子。

二、别成为钓鱼网站中的"大鱼"

安全小故事

有一天，小丽妈妈正在家里忙着做晚饭，突然收到一条95588发来的短信，上面写着："工行通知：您的电子银行密码将于今日失效，为保障您正常使用电子银行，请尽快登录工商银行官网www.icbcp.com进行升级维护，给您带来的不便敬请谅解。【工商银行】"

小丽妈妈感到有点疑惑，"电子银行密码怎么会失效呢？不会吧！"她仔细看了看短信，发现95588确实是工商银行的号码。"不行，我得上官网看看去。"小丽妈妈一边念叨着一边输入了短信上显示的网络链接www.icbcp.com，打开后一看，页面和她平时登录的工商银行界面一模一样。于是她信以为真，并在网页上输入了自己的工商银行账号和密码。

登录上网银之后，小丽妈妈发现网站上没有任何关于电子密码升级维护的提示。她感到很奇怪，便拨打了工商银行的客服电话进行询问。没想到，客服告诉她，工商银行的电子密码不存在任何失效、升级的问题，若真的在使用中出现问题，需要本人到银行柜台进行处理。其实，工商银行真正的官网网址是www.icbc.com.cn，诈骗分子稍稍做了改动，粗略一看，根本发现不了。

刚挂了电话，小丽妈妈就收到一条短信，显示她的银行卡向他人转账8200元钱，余额为0元。这时，小丽妈妈才发现她被骗了，卡上所有的钱都被骗子转走了。

小丽妈妈遇到的骗术实际上很常见，一些诈骗分子搭建伪基站，利用伪基站伪造手机号码，以各种商家官方客服的名义发送短信，并在短信中附上钓鱼网站的链接，引诱用户点击，从而钓取用户的个人信息、银行卡号和密码，盗取用户银行卡内的存款，甚至刷爆用户的信用卡。

像小丽妈妈一样遭到钓鱼网站诈骗的案例还有很多，根据 12321 网络不良与垃圾信息举报受理中心的通报，2018 年 12 月，中心收到钓鱼网站举报的前 10 名如下，其中，被举报最多的是假冒苹果公司的钓鱼诈骗网站，数量高达 158 件次。

名词解释：

钓鱼网站是指不法分子利用各种手段，仿冒真实网站的 URL 地址以及页面内容，或者利用真实网站服务器程序上的漏洞，在站点的某些网页中插入危险的 HTML 代码，骗取用户银行或信用卡账号、密码等私人资料的网站。

目前，通过钓鱼网站进行的诈骗主要集中在两方面：一种是模仿银行、运营商、网购平台等网站，骗取网民的银行卡信息或第三方支付账户；一种是假冒抽奖网站，以中奖为诱饵，欺骗网民填写身份证、银行账户等信息。

在排名前 10 的钓鱼网站中，假冒银行的网站最多，可见这类诈骗手段最容易钓到"大鱼"。诈骗分子往往通过账户积分、信用卡额度等与用户切身利

互联网安全：网络信息防火墙

益有关的信息作为诱饵，同时伪基站发送的短信又显示为 95533、95588
等人们熟记的号码，让人们误以为是银行发送来的真实信息，因此人们
更容易上当。

安安博士提醒大家，即便是银行、运营商等官方号码发送的短信，
也不一定是真的。银行的电子密码通常是不需要升级的，更不会存在
不升级就将失效的问题，所有类似短信基本上都是由伪基站发送的诈
骗短信。

安全保卫战

在互联网时代，人们生活的方方面面都要依赖网络，个人的很多信
息也都会在网上留下痕迹，想要完全避免接收这类诈骗短信几乎是不可
能的。因此，我们只能通过学习互联网知识，了解网络欺诈手段，才能
防止被"钓鱼"。

1. 安装防护软件，构筑牢固"防火墙"

安装安全软件或者安全浏览器，能对伪基站号码和钓鱼网站进行有
效拦截。目前，市面上有 360 安全卫士、金山毒霸、腾讯电脑管家等多
款免费的杀毒软件，这些软件能够识别绝大部分钓鱼网站，在你登录的
时候进行拦截，并提醒你此时登录的是假冒的网站。

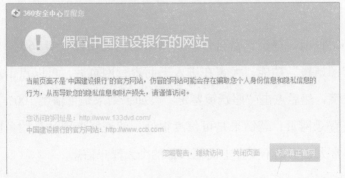

2. 辨别网址真伪，"鱼儿"拒绝上钩

小丽妈妈在登录工商银行的网上银行时，输入了诈骗短信上显示的

网址 www.icbcp.com，但它真正的官网网址为 www.icbc.com.cn，两者虽然看起来很像，但仔细辨别还是存在差异的。诈骗分子克隆的钓鱼网站一般会多一个字母或少一个字母，或者替换一个相似的字母或数字，如将"CCTV"替换成"CCYV"等。因此，在接收到需要登录网址的信息时，一定要注意仔细辨别链接的真伪，最好是通过百度搜索官网中文名称，点击有官网蓝色标志的网址来登录。由于钓鱼网站是假冒的网页，往往只有一个与真网站很相像的"壳"，点击任何图片或者链接进去，都无法显示内容，因此，还可以通过多点击几下除了登录账号密码之外的其他内容来辨别钓鱼网站，看它会不会跳转到二级页面，就知道这个网站是不是真的啦！

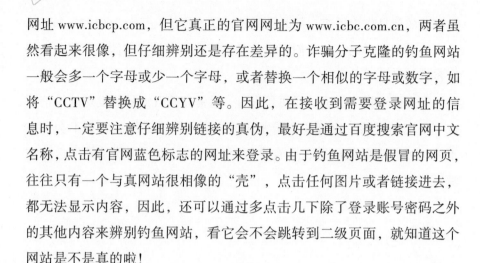

另外，目前一些浏览器自带识别网站真伪的功能，如360安全浏览器具有"照妖镜"功能，大家在进入工商银行网页后，可以点击左上角的"证"字，然后点击"照妖镜鉴定"，如果结果是可信度100%，你就可以放心登录网页；若结果是可信度很低，就说明该网站是钓鱼网站的可能性非常大，切记不要在上面输入你的个人账户信息。

经360互联网安全中心检测，
当前网站安全，请放心浏览。

3. 多方咨询验证，切勿着急行事

案例中，小丽妈妈正在忙家务活，但一看到短信上说电子银行密码即将失效，就赶紧打开电脑修改密码，没有打电话咨询银行，或者与家人商量，结果短短几分钟银行卡就被洗劫一空。实际上，很多小朋友遇到这类诈骗消息时，往往也自己一个人急着处理，没有找官方客服验证，也没有告诉爸爸妈妈，最终上当受骗。因此，如果大家收到此类短信，应该第一时间向他人咨询，与家人沟通商量后再采取行动，绝不能自己一个人着急行事，以免忙中出错，落入骗子设置的圈套。

防骗谣

锄禾日当午，山寨不靠谱；学习防钓鱼，可别再糊涂。

短信附网址，多半是骗子；辨认要仔细，去和官网比。

网址照妖镜，骗子现原形；软件要装好，牢固又可靠。

密码需保护，勿随意登录；遇事别着急，父母来帮助。

第四章 网络诈骗防不胜防，火眼金睛识破它

三、"中大奖？"天上不会掉馅饼

安全小故事 ....

　　14岁的兰兰是湖南卫视热播综艺节目《爸爸去哪儿》的忠实粉丝，经常在粉丝QQ群里参与节目的话题互动。有一天，兰兰像往常一样，在QQ上和其他粉丝聊天，突然一个昵称叫"爸爸去哪儿抽奖活动"的QQ向她发来一条消息，写着："尊敬的《爸爸去哪儿》观众您好！您已被湖南卫视《爸爸去哪儿》栏目组真情回馈活动抽取为场外幸运观众，将获得由诺优能奶粉赞助的梦想基金98 000元人民币与苹果笔记本电脑一台。您的验证码为【5898】，详情请登录官方活动网站：www.babaac.com填写邮寄地址及时领取。注：如将个人领奖信息泄漏给他人造成冒名领取，本台概不负责。"

　　兰兰十分惊喜，认为这一定是湖南卫视回馈给粉丝的礼物。她赶紧点开消息中的网址，填写了验证信息后，看到网页上确实有她的中奖信息，于是她又继续填写了自己的姓名、电话、银行卡号和收货地址。之后系统显示，兰兰的领奖申请提交成功。

恭喜您获得一等奖，您只需要交手续费，这个大奖就将属于您

兰兰怀着激动的心情等待奖品的到来，但第二天，她接到一个陌生人打来的电话，他自称是法院的工作人员，要求兰兰交纳领取奖金及奖品的保证金 2000 元，否则就要以违反合约的名义起诉兰兰，并要她赔偿 2 万元违约金。

兰兰被吓坏了，担心自己被起诉，于是拿出自己存起来的压岁钱，给对方汇了过去。本以为这下应该能拿到大奖了，但对方又打电话来，要求兰兰支付领奖的税款 5000 元，并称这笔钱会在领取奖金的时候返还。兰兰心想，反正这笔钱会返还的，先交过去也没事，于是她又向对方打了款。

第三天，对方来电话说可以领取奖金了，但需要兰兰到 ATM 机上操作收款。兰兰高高兴兴地按照电话的指示做，但 ATM 机总是显示操作失误。操作了几次之后，对方突然挂了电话并关机，兰兰感到很疑惑，一查银行卡才发现，她存了几年的压岁钱全都不见了。

同学们有没有发现，案例中的兰兰遭遇了骗局，她不仅没有拿到"大奖"，连自己辛苦攒了几年的压岁钱也全部被骗光了。兰兰遇到的骗局是如今诈骗分子常用的手段，他们以 QQ、短信、邮件等平台为媒介，向用户发送虚假的高额中奖信息，引诱用户登录其提供的网站，并填写个人信息，继而以收取手续费、保证金、邮资、税费为由，骗取钱财。

这样的诈骗手段往往是虚构一些热播综艺节目的中奖信息，或者假造一些品牌商的促销活动，以十分丰厚的奖金或奖品为诱饵，引诱人们上当。除了兰兰遇到的《爸爸去哪儿》中奖诈骗之外，类似的热播综艺节目《奔跑吧兄弟》《中国好声音》《我是歌手》等也是常见的诈骗由头。

在这些案例中，诈骗分子使用的是"连环圈套"，让人们一步步走

第四章 网络诈骗防不胜防，火眼金睛识破它

进他们设置的陷阱中。首先，利用人们贪图便宜的心理，海量发送中奖信息，引诱人们来吃这块"天上掉下来的馅饼"。如果你禁不住诱惑，点开了骗子提供的虚假网站，并填写了个人资料，骗子就会要求你交纳一定数额的保证金，声称只有这样才能进行奖品的发放。同时，为了打消人们的顾虑，骗子还会声称保证金只是用于方便奖品的顺利发放而收取的，等到你收到奖品之后便如数退还，并指明一个汇款账户。到了这一步，你就已经掉入了骗子设置的第一个圈套。

此时，若你按照骗子的指示汇了款，那么接下来骗子还会以税款、运费、手续费等各种理由让你向他继续汇款，让你进入第二个圈套。如果你意识到这是诈骗行为，对其不予理会，那么诈骗分子便会威胁你，称你的所有身份信息和银行账户都在他们手中，如果不汇款，将向法院起诉你，让你赔偿高额的违约金，这便是骗子常用的第三个圈套。

先是"利诱"，再来"威逼"，很多人就这样掉入了诈骗分子设置的连环圈套。由于骗子"训练有素"，在威胁人的时候态度凶狠、强硬，容易让人产生恐惧心理。不少受骗的人因担心自己真的被起诉，所以尽管意识到自己受骗，仍然向对方汇款。

在这种诈骗案例中，骗子利用了人们的两个弱点："贪欲"和"恐惧"。安安博士告诉大家，天上不会掉馅饼，地上的陷阱倒是特别多。面对纷繁复杂的网络信息时，我们一定不能轻信那些突如其来的中大奖的信息，凡是需要先交钱再领奖的活动，全部是骗局。骗子以到法院起诉来要挟你，那也只是在吓唬你，完全不用理会。若骗子还在继续纠缠，就直接报警，让警察介入处理。

安全保卫战

看了安安博士对诈骗案例的分析，同学们应该明白骗子是怎样设置圈套让人们上当的了。那么，面对这些诈骗信息，我们应该如何防范呢？

小知识 1：了解中奖活动的三个常识

第一，我国法规规定，除了彩票中奖之外，任何商业行为的抽奖活动、有奖销售活动，奖金均不得高于 5000 元。在上述案例中，兰兰收到的消息告知她中了 98 000 元的高额奖金及一台苹果笔记本电脑，这样的奖励金额已经远远超过法规规定，必然是假的。所以，如果看到超过 5000 元的高额大奖，可以直接无视。

第二，我国任何正规商业机构或者有关部门组织的奖励活动，都不会以任何形式要求中奖者交纳费用，因此凡是遇到要求中奖者先交纳手续费、保证金、税款等才能领取奖品的中奖信息，绝对是诈骗。

> **相关链接：**
>
> 据《关于禁止有奖销售活动中不正当竞争行为的若干规定》第四条规定，抽奖式的有奖销售，最高奖的金额不得超过 5000 元，以非现金的物品或者其他经济利益作奖励的，按照同期市场同类商品或者服务的正常价格折算其金额。

第三，我国的法院、检察院及公安机关办案都有十分严格的程序，不会以任何理由要求我们汇款过去配合调查，也绝不会出现"不领奖就被起诉"的情况。所以如果你被骗子威胁，完全不用惊慌，那只是骗子吓唬人的手段而已，对你是构不成伤害的。

小知识 2：牢记三个"不"

不轻信——不要轻信来历不明的消息，包括电话、短信、QQ 聊天、微信或微博消息、论坛留言等等。无论对方提供了多丰厚的奖金，抛出多大的诱惑，也不要轻易相信，要守住自己的心理防线，不要因贪心而掉入诈骗分子设置的圈套。对待这些诈骗信息，要么不予理会，要么向 12321 网站举报，要么选择报警。

不透露——时刻谨记自己的个人信息十分重要，不要轻易向对方透露自己和家人的身份证号码、电话号码、

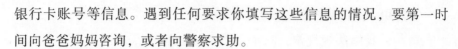

银行卡账号等信息。遇到任何要求你填写这些信息的情况，要第一时间向爸爸妈妈咨询，或者向警察求助。

不转账——个人的钱财要看管好，千万不要轻易向陌生人汇款、转账。如今很多诈骗分子都是通过花言巧语，编造各种冠冕堂皇的理由诱惑他人向其转账。要记住，无论对方的理由多么有力，都要保持警戒之心，遇事多和家长商量，不要自己一个人冲动行事。

小知识3：勿忘两个原则

原则一：贪念是陷阱。大家试想一下，这种动不动就上10万的大奖，会这样毫无征兆地掉在我们的头上吗？即使真的有这种大奖，也会是大家挤破头都想争取的东西，你觉得会有人费尽心机让你去领取吗？这种中奖诈骗之所以会屡次得逞，利用的就是人们的贪念。

原则二：一分耕耘，一分收获。我们要时刻牢记"付出才有收获"的信念，一切成就都要靠自己的劳动和努力去实现，不要想着吃免费的午餐，这样才能抵制住中奖诈骗的诱惑，问心无愧地收获通过自己的拼搏得来的东西。

网友智斗诈骗分子

一天，网友 A 收到一条诈骗短信，说他的建行卡在天河城消费9000元，要扣他的钱，并提供了一个查询电话85971106。网友 A 知道这是一个骗局，但想糊弄一下这个讨厌的骗子，于是上网号召大家给这个号码打电话叫一个叉烧饭。

网友 B：

我：叫了一个叉烧饭，他说他不是快餐店，是建行××中心。

网友 C：

我：麻烦给我来个叉烧、烧鹅饭。

对方吼着说：都说不是送餐电话了！！！

网友 D：

对方：你好！

我：你好，建行中心么？

对方：这里是建行中心，请问有什么可以帮到你的？

我：我收到个信息，说我建行卡消费了9000块，我想问问是什么情况？

对方：你把你的账号报给我，我可以帮你查询。

我：哦，那我消费这么多有积分吗？

对方：有的。

我：那能兑现么？

对方：可以兑现的，请你把账号报给我。

我：那给我兑现一盒叉烧饭吧！

对方：……

我：要不，双拼也成。

对方：嘟嘟嘟……（把电话挂了）

……

第四章 网络诈骗防不胜防，火眼金睛识破它

▶ 四、网络购物须谨慎，故障退款是骗局

正在读初中的贝贝是个爱美的女生，经常在网上买漂亮的衣服、鞋子来穿。一个月前，贝贝看中了一条连衣裙，于是拍下并付了款。没过多久，贝贝接到了一个自称是淘宝客服人员的电话，对方清楚地说出了贝贝刚才买的裙子的详细信息，包括贝贝的淘宝账号、下单时间、订单号码、收货地址等，并称她刚才拍下的裙子缺货，要求贝贝退款，等到货之后再通知她购买。

由于对方能提供购买的裙子的详细信息，态度也很诚恳，贝贝就没有多想，爽快地答应退款。但是客服人员又说，希望贝贝不要通过淘宝官方渠道点击退款，因为那会对店铺信誉造成伤害，如果贝贝同意通过微信退款，下次购物时将给她八折优惠。

贝贝一想，反正要退款，通过什么渠道无所谓，于是她按照客服的要求加了微信。很快，客服给她发来一个链接，告诉她通过链接登录网银就可以领取退款了。贝贝点开链接一看，网页上是她购买的裙子的信息，店铺名称和价格等信息也吻合，于是她就登录了自己的网银。登录上之后，页面提示她输入姓名、身份证号、手机号以及短信验证码就

可以领取退款，贝贝按照页面上的提示一一照做，等她输入了验证码之后，页面突然自行关闭了。她正在疑惑时，收到银行发来的短信，称她向×××转账了3000元。

此时，贝贝才意识到自己上当受骗了，但对方的微信已经联系不上了，电话也打不通。她试图通过阿里旺旺联系对方，但卖家回复称贝贝刚才拍的裙子有货，而且他们工作人员没有给贝贝打过电话，并告诉贝贝她应该是遭遇了骗局，让她立刻报警处理。

回忆事情的经过，我们可以发现，贝贝遭遇的骗局是从一个电话开始的。贝贝通过淘宝下单购买裙子，并通过在线下单、在线付款等一系列操作，留下了个人的详细信息。诈骗分子通过特殊软件窃取了贝贝的订单信息，并冒充客服给她打电话，提供详细的订单信息，让贝贝信以为真，再以缺货退款为借口，让贝贝操作退款。在获得贝贝的信任之后，骗子开始一步步引诱她上当。

第一步，骗子加了贝贝微信。因为骗子本来就是个"冒牌货"，根本不是贝贝购买裙子那家店铺的客服，所以如果贝贝通过淘宝官方渠道退货的话，骗局立马就会被拆穿。因此骗子以"下次购物打八折"为诱饵，让贝贝通过微信操作退款。

安安点评：我们要记住，在淘宝、京东等正规网购平台购物时，如果有退货、换货等需求，一定要通过平台的官方渠道操作，通过店铺链接里的阿里旺旺等官方客服进行沟通，一切要求加QQ、微信来操作退款的都是骗局。

第二步，骗子给贝贝发来了一个"退款链接"，而这个链接实际上是钓鱼网站。骗子将网页伪装成贝贝购物时见过的页面，而且上面也有贝贝的淘宝账户、订单编号、收货地址等详细信息，看起来像真的一样，于是贝贝信以为真，按照提示登录了她的网银。

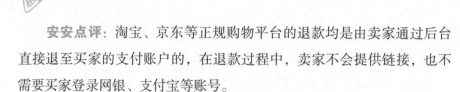

安安点评：淘宝、京东等正规购物平台的退款均是由卖家通过后台直接退至买家的支付账户的，在退款过程中，卖家不会提供链接，也不需要买家登录网银、支付宝等账号。

第三步，贝贝登录"网银"后，发现页面提示需要填写姓名、身份证号、手机号码以及短信验证码等信息，贝贝没有察觉到异样，很快填写了信息并提交。

安安点评：网上银行后台是有用户姓名、身份证号、手机号等信息的，并不需要在已经登录以后再次填写。贝贝点开的这个链接是一个可以后台操作转账的钓鱼网站，利用贝贝填写的身份证号和手机验证信息，从后台转走了贝贝卡上的 3000 元钱。

现在，大家看懂贝贝是怎么掉入圈套了吗？在这个案例中，骗子通过窃取贝贝的淘宝购物信息来骗得她的信任，再步步为营，让贝贝在不知不觉中输入了她的银行账户和密码，进而卷走贝贝银行卡中的钱。

所以，安安博士提醒大家，要时刻牢记保护自己的个人信息，特别是银行账户信息，因为你不知道骗子会在什么时候就悄悄地把你的账号密码骗走了。在淘宝、京东等电商平台购物时若要退货退款，一定要通过官方网址、官方渠道操作，不要相信任何所谓的客服打来的电话或发来的其他链接。无论对方掌握了多少你的个人信息和购物订单信息，都不要通过 QQ、微信等非购物平台与他们联系。如果遇到拿不准的事情，可以选择联系网店官方客服，也可以拨打支付平台的官方电话进行核实。

安全保卫战

网购风险大，购物须谨慎。为了让大家加强防备意识，除了上面揭露的骗局，安安博士还为大家总结了四种常见的网购诈骗手段，希望大家在遇到此类问题的时候能一眼就识别出这是骗局。

骗术一：拖延发货诈骗

以淘宝网为例，我们在买东西时，购物款首先是打到第三方账户，即支付宝上，淘宝卖家需要等我们收到货，并确认收货之后，才能拿到购物款。这是淘宝公司为了维护买卖双方权益而设置的规则，但为了避免买家故意不付款，淘宝同时还规定，若卖家发货10天后，买家还未确认收货，则会自动打款给卖家。

这一规定给一些诈骗分子可乘之机，他们在买家购物后使用系统操作为"已发货"，但实际上是虚假发货。等10天"封存期"过后，订单交易成功，他们拿到了购物款，这时，买家已无法申请退款了。

防骗攻略：在购物后，要随时关注自己的订单状态，如果系统上显示"卖家已发货"，就要随时查看物流信息，等待收货验证。如果系统显示已发货但迟迟没有物流信息，那就得及时联系卖家，催对方尽快发货，并让其延长收货时间；若对方仍然找各种理由迟迟不发货，那你需要在系统自动确认收货之前及时点击"申请退款"，并向淘宝的官方客服申诉。在这期间，你可以不用担心钱被卷走，因为在买家申请退款后，交易的订单时间是暂停的，你的资金不会自动打到对方账户上，骗子也就无法骗取你的金钱。

骗术二：即时到账诈骗

正规的网络平台一般都有第三方支付平台对资金进行"封存"，来实现买家"先验货再付款"的需求，因此，在第三方账户的"封存期"内，买家的资金都是安全的。但是，一些不法分子以包邮、折扣等优惠为诱饵，诱导买家取消由第三方账户监管的订单，让其通过支付宝、网银或微信的"即时到账"功能来付款。一旦你用即时到账付了款，对方收到钱后若抵赖不发货或发假货，你也将投诉无门，无法撤回资金了。

防骗攻略：在网购时，我们要记住，购物一定要在正规购物网站的系统中完成，

> **名词解释**：
>
> **即时到账**是一种快捷的付款方式。如果你自愿付款给对方，点击付款，款项就马上到达对方支付宝账户。即时到账不受《支付宝服务协议》交易保护条款的保障，在使用的时候一定要谨慎。

并且严格按照规定的交易流程来操作。因为目前的正规网购平台都是具有风险保障机制的，买家如果对购买的货物不满意选择退货的话，第三方支付平台也能够及时将资金退还回来。

骗术三：远程控制诈骗

一些新手买家对网购的规则不太熟悉，对自己的资金安全也缺乏保护意识，甚至有一些人还不熟悉电脑操作。因此，有些诈骗分子专门骗这一类新手，他们大多伪装成网店卖家，在买家咨询购物如何操作时，"热心地"帮助买家，并说可以通过远程控制电脑来指导买家操作。骗子远程控制电脑后，立即操作买家账户向自己的账户转账，而且还操作买家账户发起维权，并迅速撤销维权。由于很多电商平台规定，买家只有一次发起维权的机会。这样一来，买家不仅会被骗子盗走钱财，还会失去维权的机会。

防骗攻略：我们要切记，如果自己在网购中遇到不懂的地方，要找家人或信得过的朋友帮忙，切勿接受陌生人远程控制的要求，把自己的电脑交给对方来操作。因为这等同于把自己的账户交给他人使用，自己网银、支付宝里的"小金库"就完全向他人敞开了。

骗术四：秒杀群诈骗

一些不法分子利用人们网购时贪图便宜的心理，向买家发送旺旺消息或短信，以特价、抢购等优惠吸引买家加入"秒杀 QQ 群"。目前，市场上确实存在一些由"淘客"建立的秒杀 QQ 群，并且确实会推送一些打折信息和秒杀物品，但也存在一些"钓鱼群"，即群内所发的链接是指向钓鱼网站的，买家一旦通过这样的链接购物，账户上的资金就会被盗取。

防骗攻略：如果想购买价格优惠的商品，建议通过正规的购物平台进行，不要加入其他各类优惠群，以防上当受骗。

预防网络诈骗的 6 个 "一律" 和 8 个 "凡是"

针对当前网络诈骗猖獗的现象，公安部门对外公布了网络常见的诈骗手段，并创作了两个口诀。让我们一起来牢记警察叔叔教给我们的 6 个 "一律" 和 8 个 "凡是" 吧!

6 个 "一律":

1. 只要一谈到银行卡，一律挂掉电话;

2. 只要一谈到中奖了，一律挂掉电话;

3. 只要一谈到 "电话转接公检法" 的，一律挂掉电话;

4. 所有短信，让我点击链接的，一律删掉;

5. 微信上不认识的人发来的链接，一律不点;

6. 一提到 "安全账户" 的，一律是诈骗。

8 个 "凡是":

1. 凡是自称公检法要求汇款的不要信;

2. 凡是叫你汇款到 "安全账户" 的不要信;

3. 凡是通知中奖、领取补贴要你先交钱的不要信;

4. 凡是通知 "家属" 出事要先汇款的不要信;

5. 凡是在电话中索要银行卡信息及验证码的不要信;

6. 凡是叫你开通网银接受检查的不要信;

7. 凡是自称领导要求汇款的不要信;

8. 凡是陌生网站要登记银行卡信息的不要信。

第四章 网络诈骗防不胜防，火眼金睛识破它

第五章 拒绝网络诱惑，对不良信息"Say No"

亲爱的同学，如何才能健康、文明、绿色、安全地在网络世界中遨游，让自己成为网络的主人，而非"奴隶"呢？请跟着安安一起进行第五章的阅读与学习。

▶ 一、网络色情如毒瘤，学做网络小医生

　　阿健和大冬是好朋友，他们每天都一起上学放学。这一天他们像往常一样走在放学的路上，大冬悄悄地问阿健："阿健，你家白天就你一个人吗？"阿健疑惑地看着大冬说："对呀，有什么事吗？""我有好东西和你分享，你就等着看好戏吧！"大冬在阿健耳边小声嘀咕着。

　　在大冬一路神神秘秘的鼓动下，阿健打开了自家的房门。刚进屋，大冬立刻走进了阿健的房间，打开了电脑，用手指飞快地在键盘上敲出了一个网址。网站上瞬间出现了一堆成人女性的照片，阿健的脸立刻红了起来。阿健有见过姐姐美丽的大学同学，还见过电视里各种各样的时尚女明星，但此刻网站上出现的这些照片，显然和那些不一样，这些女性面带媚笑，衣着裸露，阿健惊呆了。

　　自从那个下午后，阿健上课再也没法专心听讲了。他每天放学回家后的第一件事情便是打开电脑浏览成人网站。渐渐地，阿健的成绩开始一落千丈，而且身体和精神状态都极差。一天，当阿健正

在用电脑偷看成人网站时，妈妈突然走进了房门，眼前这一幕让妈妈大吃一惊，气得好半天说不出话来，这时的阿健羞愧不已，默默地抽泣起来。妈妈对阿健立马进行了一番教育。阿健小声说道："妈妈，对不起，我以后再也不这样了！"妈妈搂住阿健语重心长地说："网上这类信息很容易影响你的健康成长，成长的道路上一旦形成不良习惯，将会产生严重的后果。健儿，妈妈希望你能爱惜自己的身体，也珍惜自己的宝贵时间。"阿健点点头，把收藏的色情网站统统删掉了。清理完这些东西后，阿健一身轻松，心情豁然开朗。

故事中的阿健趁家长不在，和同学一起在家偷偷浏览成人网站，导致成绩一落千丈，并且每日精神萎靡。直到妈妈发现了阿健电脑中的"秘密"，并对他特意嘱咐，才让阿健明白网络色情如"毒瘤"，不仅危害身心健康，也会导致他形成错误的性意识。那么，到底什么是网络色情？它有什么特点？对我们青少年会造成何等危害？让我安安小博士来为大家一一讲解吧！

小知识1：你知道什么叫网络色情吗？

所谓的网络色情，是指在网络上公开发布裸露、猥亵或低俗的文字、图片、声音、视频等，或者提供与性有关的信息。故事中的阿健所登录的成人网站，又称色情网站或黄色网站，该类网站是传播淫秽、色情等内容的网站。由于色情信息对未成年人的身心健康有害，因此在很多国家受到管制。在我国，色情网站是非法的，传播淫秽和色情内容要被追究法律责任。

小知识2：像"毒瘤"般的网络色情，到底"毒"在哪里？

近些年，随着网络的发展、电子产品的普及和社交网络平台的火热，青少年接触外界信息的渠道越来越多，信息来源也越来越广，这就使得

青少年更容易受到淫秽信息的伤害。

1. 网络色情形式多样，内容繁多，甚至有违背家庭社会伦理的内容。这些不健康的信息会导致青少年对性产生错误的理解和认识。

2. 由于青少年正处于青春发育期，对男女之间的事会特别好奇，一旦通过网络接触到色情信息，它们就会像毒品一样吸引你，从而分散你的精力，影响你的学习和健康成长。

3. 网络色情内容常常伴随着暴力行为，易影响到青少年的世界观和人生观，影响到青少年个性和人格的健康成长。

4. 一些打着性健康旗号的网站传授的所谓"性知识"其实是伪科学，长期接受这些畸形的、错误的信息会对青少年的身心健康产生破坏性的影响。

5. 一些自制力差、意志薄弱的青少年禁不住网络色情的诱惑，容易铤而走险，从此走向性犯罪的深渊。

> **名词解释：**
>
> **伪科学：**伪科学一般是指据称是事实或得到科学支持，但实际上不符合科学方法的"知识"。伪科学是一些虚假的"科学"或者骗局，经常借用科学名词进行装饰，但实际上与科学在本质上并无关联。

安全保卫战

试想一下，如果你身边也有像大冬一样的好朋友，当他给你介绍色情网站时，你该如何选择，是像阿健一样深陷其中，还是毅然拒绝？如果你是第一次接触网络淫秽信息，你会如何抉择？如果你已成为网络色情信息的"瘾君子"，又该如何戒掉？有没有专业网络软件能够帮助我们？接下来，让我们筑起安全防火墙，举起自我保卫的剑，向所有色情污秽之流宣战，从自身做起，做一名切除网络淫秽"毒瘤"的网络小医生。

1. 第一次接触到网络色情淫秽信息，该怎样做？

●请立即告诉家长或者老师，不要害怕也无需心有顾虑，青少年的鉴别力和自控力十分有限，需让家长和老师及时为我们筑起信息安全墙，以免深陷其中，不能自拔。

●如果是在浏览网页的时候偶然看到，请立即关闭并删除浏览记录，不给自己再一次进入色情网站留下任何机会。

●如果已经引起了你的好奇心，请先把电脑或手机关闭几天，让自己冷静一下，同时也可以选择用其他方式转移自己的注意力，如运动、看漫画、看电影等方式，待自己的好奇心冷却下来后，再进入网络世界。

●通过传统的教育渠道获取性知识，当然也可以向父母等长辈咨询。

●如果有同学、朋友邀你一起观看色情污秽内容，请果断拒绝并告知对方这是错误行为，千万不要为了附和他人而放弃自己的底线与原则。

2. 已成为网络色情的"瘾君子"，该如何戒掉？

●坦率地向父母等长辈讲出自己的处境，请求家长帮忙，让他们帮助监督。可把家里的电脑放在客厅，把手机交给家人管理，提升自觉意识，只浏览健康绿色的网站。

●将保存在电脑或手机里的色情污秽信息全部删除，想要更加彻底地删掉可以重新安装电脑或手机系统，只需要提前将重要文件备份即可。

●可在电脑或手机里安装"防黄软件"以及青少年专用的浏览器。它们的功能有很多，专业的绿色网警软件是过滤色情以及其他有害网络信息的有效工具。

●上网应遵循"学习、生活两不误原则"。在上网之前，可列出一张小清单，把本次上网需做的每一件事情罗列出来，待完成后就立即下网。

●在日常的学习生活中，我们要加强对网络文明意识、法治观念的培养，强化道德规范，提高自己的辨别力。利用网络资源吸取科学知识，自觉抵制不良信息，共建良好网络环境。

第五章　拒绝网络诱惑，对不良信息"Say No"

国外是如何打击网络色情犯罪的

美国为管理网络色情出台了多项严格法律，其中《儿童互联网保护法》规定，所有有可能为未成年人提供上网服务的公共场所，都必须安装过滤软件。如果在未成年人可接触的网络和电子装置上，有制作、教唆、传播或容许传播任何具有猥亵、低俗的内容，均被视为犯罪，违者将处25 000美元以下的罚金、两年以下徒刑。

日本从2003年9月13日起实施《交友类网站限制法》，规定：利用交友类网站发布"希望援助交际"类的信息，可判处100万日元以下罚款。同时，交友类网站在做广告时要明示禁止儿童使用，网站也有义务传达儿童不得使用的信息，并采取措施确认使用者不是儿童。

韩国的《关于保护个人信息和确立健全的信息通信秩序》明确规定了个人信息管理者和使用者的权限和责任，对向第三者泄漏个人信息者将加重处罚，刑期从过去的1年以下增加至7年以下，并将处以10亿韩元以下的罚款。与此同时，这一法律还将加强对淫秽、暴力、犯罪等非法信息流通的管理。

二、让你丧失灵魂的"魔鬼"——网络游戏

安全小故事

早上，小彬在爸爸妈妈的催促下背上书包"上学"去了，与往常一样，他并没有像其他同学那样走进学校，而是去了学校附近的网吧，娴熟地登上自己的游戏账号，又开始了新一天的游戏旅途。

其实，自从暑假迷上网络游戏后，小彬已经患上了"网络游戏成瘾症"，导致开学至今，他连一节课也没认真上过。

每天按时"上学"、按时"放学"的小彬，给父母一种在学校乖乖学习的错觉。直到那天晚上，已经在电脑前保持了同一姿势 10 个小时的小彬，忽然"砰"的一声，向后倒在了椅子上，身体不停地抖动，口中还大喘着粗气。网吧老板见状立即拨打了 120，可是当医生赶来时，小彬的心脏已经停止了跳动，脉搏也没有了动静。经检查，小彬被宣布为临床死亡。

接到医院电话火速赶来的小彬父母，瘫坐在医院的走廊里，用头不停地撞墙，悲痛万分地说："是网吧害死了我儿子！

> **名词解释：**
>
> **网络游戏成瘾症：**指一种沉迷在网络游戏中无法自拔的心理疾病，患者无法摆脱时刻想玩游戏的冲动。它是网络成瘾症中的一种主要症状，危害甚大，对正常的学习、工作、生活会产生严重的负面影响。

第五章 拒绝网络诱惑，对不良信息"Say No"

是网络游戏害死了我儿子！"

　　除了猝死，由于沉迷网络游戏而产生的其他悲剧还在不断上演……

　　无论是因连续上网 10 小时最终猝死的小彬，还是其他因网络游戏而走上歧途的青少年，他们都用血淋淋的事实一次又一次地给青少年敲响了警钟，但是近年来这样的极端悲剧仍在持续上演。为何这些青少年"明知山有虎，偏向虎山行"？如何来判断我们是否已经患上"网络游戏成瘾症"？它的危害到底又有多大？现在让安安小博士来为大家指点迷津。

小知识 1：为何青少年"明知山有虎，偏向虎山行"？

　　一方面，处于青春期的我们总是充满了各种各样的遐想和期待，幻想着能够最大限度地实现自我价值，但是在现实中，这是一条漫长的成长道路，然而网络游戏却大不相同，它给我们提供了一个快速"实现自我价值"的平台，尽管它是虚拟的网络世界。在《英雄联盟》游戏中，你可以用各种装备抢占敌方堡垒，成为众人追随的"大神"；在《穿越火线》游戏中，你可以在枪林弹雨中成为"战斗英雄"；在《侠盗飞车》游戏中，你可以成为劫富济贫的"盗车大侠"……久而久之，你会渐渐对网络世界中的"成就感"产生依赖，一旦脱离网游给你带来的"成就"，就会觉得世界一片灰暗，毫无意义。

　　另一方面，网络游戏精彩的画面、音响效果以及生动有趣的故事情节，可以让人感受到强烈的惊险、紧张与刺激。网络游戏制作精良、画面优美、人物栩栩如生、游戏场景宏大唯美，五花八门的人物、功能各异的道具能够满足不同玩家想要的不同体验，可互动、交流的角色扮演让人物充满了真实感，从而能让参与者获得极大的心理满足。

小知识 2：网络游戏成瘾症有哪些表现？

1.玩游戏时精神极度亢奋，哪怕已经熬夜数日，也乐此不疲。

2. 玩游戏的时间超过一般限度，以此来获得心理满足。

3. 不玩游戏时常常出现情绪低落、头昏眼花、疲乏无力、食欲不振、思维迟缓等不良症状。

4. 常把游戏世界和现实世界混为一谈，常把游戏中的暴力行为迁移到现实生活中。

5. 如果家人不允许玩游戏，就会情绪失控、顶撞家人，甚至为了上网不择手段。

6. 对学业不感兴趣，足不出户，与身边的同学、朋友和家人渐渐疏远。

小知识 3：网络游戏成瘾症的危害

1. 生理危害

● **脑损伤**：电脑发出的电磁波将长期影响青少年的大脑，阻碍大脑的正常发育。长时间在网吧上网，多台电脑会出现累积效应，将可能导致青少年受到严重的脑损伤。

● **干眼病**：长时间聚精会神地盯着电脑屏幕会导致眼睛干涩、易疲倦、怕光、暗适应能力降低，严重者眼睛会红肿、充血，甚至视力下降。

● **颈椎病**：长时间以同一个姿势对着电脑，使得我们的颈部肌肉一直处于紧张状态，时间一长将会导致我们的血液循环不畅，甚至会影响我们的大脑供血，出现头晕现象。

2. 心理危害

在网络游戏中，我们每个人都可以伪装成自己最想变成的样子，这意味着游戏中的人物和现实生活是有很大差距的。特别是在现实生活中遇到挫折、失败的青少年，他们更加渴望在网络游戏的虚拟世界中寻求解脱。而当他们适应了虚拟游戏中的生存法则后，再把眼光投向现实世界时，一切都无法适应。长此以往，他们逐渐开始逃避现实社会，不与

> **扩展阅读：**
>
> **累积效应**：由于无线通信网络的射频辐射伤害具有累积效应，所以当处于射频辐射下时，人体是不会立即受到伤害的，只有随时间推移，累积到一定程度时对人体造成的伤害才会显现出来。

第五章 拒绝网络诱惑，对不良信息"Say No"

同学、朋友、家长沟通，慢慢地习惯用键盘代替嘴说话，最终产生自闭等心理疾病。

3. 影响学业

正处于成长发育期的青少年，心智尚未成熟，很容易被网络游戏所诱惑。长期沉迷于此，会导致他们上课不能集中精神，甚至像故事中的小彬那样，不惜逃学也要整日泡在网吧里，最终荒废学业，伤害身体。学习是我们的义务与责任，学习能够让你找到更加完美的自己，让你更好地了解世界，更加美好地生活。但是一些无良商家无视《互联网上网服务营业场所管理条例》的存在，为未成年人的非法上网提供各种便利，危害青少年的健康成长。

4. 影响青少年道德品质的健康发展

网络游戏中充斥着大量的暴力和色情内容，青少年往往分不清虚拟世界与现实生活的界限，很有可能把游戏里可以帮助自己达到目的的暴力行为迁移到现实生活中。陷入网络游戏的青少年如同故事里的小彬一样，为了上网逃学，为了网游欺骗父母，有的甚至还会做出抢劫、杀人等行为，用暴力解决没钱上网的问题，这些都严重影响到青少年道德品质的健康发展。

同学们，了解了这么多触目惊心的后果，你还愿意成为网络游戏的"瘾君子"吗？你手指下的键盘、鼠标，是否应该更加合理地使用？当然，安安想告诉你，适当的打游戏有助于放松大脑，让心情舒畅。网络游戏是一把双刃剑，重要的是看挥剑的人怎样去使用它。

扩展阅读：

《互联网上网服务营业场所管理条例》第十条和十九条规定，互联网上网服务营业场所经营单位不得接纳未成年人进入营业场所。

在告诉同学们如何预防网络游戏成瘾症前，先来做个小测试，测一测你是否已成为网络游戏"瘾君子"。

1. 玩游戏时全神贯注，下网后念念不忘；

2. 总嫌玩游戏的时间太少；

3. 无法控制自己想玩游戏的冲动；

4. 一旦不玩游戏就会烦躁不安；

5. 一玩游戏就能消除种种不愉快情绪，精神亢奋；

6. 为了网络游戏而荒废学业；

7. 因网络游戏放弃和身边的同学、朋友、家人沟通；

8. 为玩网络游戏不择手段地弄钱；

9. 对家人掩盖自己频频玩游戏的行为；

10. 一旦关闭游戏，就会出现孤寂失落感。

亲爱的同学们，以上 10 条，你占了多少？如果有 4 条或 4 条以上，表明你很有可能已患上网络游戏成瘾症，你需要在家长和老师的帮助下，及时戒掉网瘾，回归到正常的学习和生活状态。那么，我们平常该如何加强自我监控，合理使用网络，预防网络游戏中毒呢？

首先，要养成良好的上网习惯，上网前要计划，明确上网的目的和上网的时间，避免无节制地上网。如果不是为了学习，而主要是为了娱乐，就更需要有计划地使用网络。漫无目的地"冲浪"、沉迷于网络聊天或网络游戏，时间将会在不知不觉中流失，你也会慢慢沉溺于网络世界无法自拔。

其次，要培养其他的兴趣爱好、丰富业余生活，业余时间多参加体育、文化娱乐或交际活动，如打球、下棋、绘画等，广泛地培养自己的兴趣爱好，陶冶情操，转移对网络游戏的注意力。

除了培养其他兴趣外，在使用电脑时也可以做点其他有趣的事情来

转移注意力：

- 可以打理自己的微博，上传自己创作的文章或拍摄的美照等。
- 可以和志同道合的人组群，一起参加一些社会公益活动。
- 可以根据自己的兴趣，查找观看相关的视频和资料。
- 可以喂养网络宠物，培养爱心。
- 可以欣赏一些经典的电影或听音乐，放松身心。

最后，积极接受长辈的监督，听从心理医生的指导。一旦对网络游戏成瘾，要及时告知家人，请他们帮助自己。必要的时候可以寻求心理医生或心理咨询专家进行心理咨询和治疗。

亲爱的同学，如果你是发自内心地喜欢网络游戏，也要先努力学好知识，然后去学习与游戏相关的专业知识，提高自己的专业能力，成为游戏开发和设计的专家，而不是像故事中的主人公那样，深陷网络游戏的漩涡中无法自拔，那将不仅深深地伤害对我们抱有期望的父母，也将严重影响我们的健康成长。

请收下这封信，写给深陷网络游戏的你

亲爱的同学：

你好！

在这屏幕无处不在、游戏铺天盖地的时代，我也曾深陷其中，如你今日这样，没日没夜、拼命地提高层级不断消灭着怪物，换来大量的虚拟金钱，买上更好的装备，增加经验值，以此去打级别更高的怪物。

深陷网游的人，是掉入别人陷阱的精灵，你对这个世界充满想象，你的青春散发着活力，你原本可以用大好时光创造一段美好年华，你原本可以在现实中浴血奋战，实现理想。而如今，你陷入经营者设计的圈套，你熬红的双眼、虚度的韶华换来的是别人利润的增长。你不知不觉沦为他人获取利益的工具，除此之外，你还剩下些什么呢？过去的生活是虚构的，未来的景象也必定是虚无的，那曾经追求的快感也早已烟消云散，了无踪迹。只剩下一个你，一个被游戏所游戏，为游戏所颓废，被游戏所操控的你。静下心想一想，人活一生，怎么能抛弃亲人的关切，将这时光送给网游呢？

屏幕前的你我曾经身体僵硬，表情呆滞，思想空洞，就是一具僵尸。但今日，我们可以走出幻境，在现实之中打下一片壮丽江山，收获一份真切的感情。我们可以通过不懈的努力让曾经平庸的生命从即刻起，变得酣畅淋漓！

不被操控，不被设计，不被游戏，不被终结。愿你的生命轻盈而富有灵性，活成远离虚拟世界的真实模样。

（节选自丛婉晶《给一个深陷网络游戏而难以自拔的高三学子的一封信》，选入时有改动）

三、拿什么拯救你，少年"低头族"？

小涛是一名品学兼优的好学生，因中考成绩优异，父母一时高兴，咬牙给小涛买了一部智能手机，并告诉他只能放学后才能打开手机。小涛从小到大都是听话的孩子，第一学期按照父母的要求做了，学习没有受到影响，成绩依然在班级数一数二，老师和家长都比较满意。甚至还有邻居来咨询小涛的妈妈为何小涛的成绩没有受到手机的影响，妈妈只是笑着说："小涛就是自觉，我们很放心。"

可是好景不长，到了第二个学期，小涛有点按捺不住了，看着周围同学都在玩手机，他总是心里痒痒的，不自觉地打开手机玩起了同学们推荐的游戏。渐渐地，小涛学会了各种各样的手机游戏，其中他最痴迷的一款游戏就是《神庙逃亡》。可这一玩便一发不可收拾，不光再也没心思上课，就连日常的作业也不能按时完成。结果期末考试小涛成绩滑到了班级的末尾。当小涛看见成绩榜时，羞愧至极，恨不得找个地洞钻进去。班主任得知他学习退步的原因后，一怒之下没收了他的手机，还叫来了他的家长，勒令小涛回家反省。回家的路上，妈妈默默擦拭着眼泪："涛儿，手机是你刻苦学习所得到的奖励，爸爸妈妈希望它能让你劳逸结合，全面发展。可是现在它却害得你变成了另一个模样，妈妈不仅心痛，还心寒。"小涛点了点头，抬头望了望天空，突然发现自己好久没有这样仰望过蔚蓝的天空了。一直低头看手机屏幕的他，差一点忘记了头上那片蓝天的模样。

安安小课堂

　　本因成绩优异获得手机奖励的小涛，却因玩手机变成"低头族"，成绩滑向班级的末尾。好在故事的结尾，小涛仰望蓝天，彻底与"低头族"Say Byebye！谈起"低头族"，同学们一定知道这样一句话："世界上最遥远的距离，不是生与死，而是我在你身边，你却在低头玩手机……"随着电子信息技术的高速发展，在校园里随处可见低着头摆弄各式触屏电子设备的身影，有的拿着最新款大屏智能手机，有的拿着超大屏平板电脑，有的操作着智能手表，这一切都代表着触屏时代的来临。然而，你真的了解"低头族"吗？他们为什么会成为"低头族"？那些低头看屏幕的同学们到底在手机中寻找什么"宝藏"？让安安博士来为同学们揭开"低头族"神秘的面纱吧！

　　关键词：

　　低头族：英文又叫 Phubbing，它是由 phone（手机）+ snubbing（snub 冷落的进行时态）组合而成的。顾名思义，低头族指那些只顾低头看手机而冷漠他人的人。这些人无论在何时何地，都作"低头看屏幕"状，每个人都想通过盯住屏幕的方式，把闲暇的时间填满。这部分人被称为"低头族"，以年轻人为主。

小知识1：你为什么会成为"低头族"？

　　1. 盲目从众，攀比心理作怪。故事中的小涛原本以为可以管理好自己玩手机的时间，哪知在同学们的影响下，深陷"屏幕世界"里。这种"别人有我也要有，别人玩我也玩"的盲目从众心理，是我们成

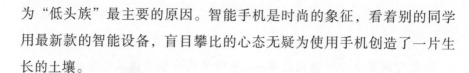

为"低头族"最主要的原因。智能手机是时尚的象征，看着别的同学用最新款的智能设备，盲目攀比的心态无疑为使用手机创造了一片生长的土壤。

2. 掌握最新消息，与同学有话可侃。 在信息海洋中遨游的我们，每时每刻都受到海量信息的冲击，谁掌握了最新的资讯谁就拥有了发声的"话筒"。不想落伍的我们都希望自己可以加入大家的对话交流中。青少年对获取最新信息都有强烈的欲望，殊不知，一旦沉溺于网络上的海量信息中，不但会分散我们的精力，消耗大量的学习时间，还会让我们逐渐失去主动思考的能力。

3. 渴望释放学习压力，排遣孤独和茫然。 繁重的功课、不理想的考试成绩、爸爸妈妈无意间的吵架、同学之间的矛盾等都会影响到青少年的情绪。这时候，他们希望通过手机游戏、微信等来缓解自己的压力，排遣孤独。慢慢地，他们习惯了宁愿拿着手机刷屏，也不愿敞开心扉和现实生活中的朋友促膝长谈、与父母老师面对面地交心。

小知识 2：那些低头看屏幕的同学们到底在手机中寻找什么"宝藏"？

为了了解同学们使用手机的目的，安安特意去了一趟校园，针对使用手机的目的进行了随机采访，有一部分同学说方便联系同学、家人，而大部分学生都说是为了玩。问他们玩什么，他们毫不避讳地举例：

1. 玩游戏。 "王者荣耀""CF""我的世界"……他们可以一口气说出一大串游戏名称。有的同学还谈道：玩这类游戏真的特别容易上瘾，有的同学甚至将课本抠出个与手机大小一致的洞，将手机放在里面玩。表面上他是在看书，实则在热火朝天地玩游戏。

2. 玩自拍。 处于青春期的男生女生多多少少都有点儿"自恋"情结，像"美图秀秀"这类的 App，不仅可以美化照片，还可以在照片上添加各种好玩的图案和文字。这使得他们的爱美之心更加"泛滥"，无时无刻不在拍照、修图和分享。

3. 爱聊天。 在我国的青少年群体中，最频繁使用的聊天工具是 QQ 和微信，只要找到可以倾诉的好友，哪怕是陌生人，也可以聊天交流。

有的同学甚至还陷入网恋，影响学习，甚至上当受骗。

4. 看网络小说。现在的某些网络写手为了追求点击率，为了谋利，一天就可以拼凑出数万字的小说来，客观上讲这样的作品是无意义、无价值、无艺术的"三无"产品。但是这种不需要思考的小说恰好迎合了不少青少年的阅读爱好，让他们陷入其中，浪费了大量宝贵的时间。

安全保卫战 --

小测试：你是"低头族"吗？

1. 如果没有随身携带手机，就非常没有安全感，失魂落魄，心里空落落的，时刻想着"必须得回去一趟拿手机"。

2. 等公车、等地铁、等电梯的时候掏出手机，刷微博、微信、手机QQ，或者打游戏、看电子书、看视频、听音乐，总之不闲着。

3. 当看到什么新鲜事物，先掏出手机来拍照，拍完还要P图，发到QQ空间、微博、朋友圈等各种社交平台，与他人分享。

4. 已经很久没有和同学、家长面对面进行长时间沟通，和别人说不到三句话就习惯性地掏出手机来看两眼。即便同学、家长坐在对面，也要在微博、微信、朋友圈里交流。

5. 以前蹲厕所习惯夹本杂志、拿张报纸，现在直接拿起手机，卫生间没地儿放手机还会各种抱怨，一定要在自家卫生间安块搁板、摆个板凳用来放手机。

6. 每晚睡觉前，不拿着手机玩半小时左右，总感觉这觉还真就睡不踏实了。每天早晨睁开眼第一件事，就是拿起手机看看，看看微博、微信上有啥新消息。

请对比以上症状检视自己，只要有三条相符，基本可以确定你是"低头族"的一员。如果全部符合，恭喜你可以当"族长"了！可千万别沾沾自喜，这个"族长"可不是什么大官，它隐藏的危害可不小！但是别过于担心，安安有很多预防的好主意，帮你摆脱"低头族"的身份。

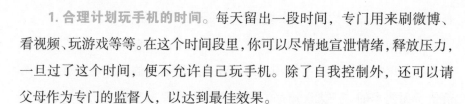

1. 合理计划玩手机的时间。每天留出一段时间，专门用来刷微博、看视频、玩游戏等等。在这个时间段里，你可以尽情地宣泄情绪，释放压力，一旦过了这个时间，便不允许自己玩手机。除了自我控制外，还可以请父母作为专门的监督人，以达到最佳效果。

2. 关闭手机推送通知。现在手机 App 的推送通知非常多，短信也很多，手机响起来没完没了，我们难免会动心拿起来看看。所以想减少手机依赖，可以把手机的推送通知都关闭了，绝大部分时间都将手机设置成静音模式。

3. 让手机离开自己的视线。想减少手机的使用可以把手机放在视线范围之外，比如上学期间就把手机放在家里，让手机"消失"。这样也能很好地控制自己使用手机的频率。

4. 走动时禁止看手机。边走边看手机，注意力都在手机上，很容易跌落到坑里、路边甚至河里。走路接听电话也要注意观察周围的车辆，特别是过马路的时候，不要因接打手机而分心闯红灯。

5. 寻找替代法，转移注意力。积极参与课外实践活动，感受自然世界，享受现实生活中的乐趣，让身体的每一个细胞都动起来。一旦我们发掘了自己的兴趣爱好以及特长，比如某项运动，那么它们就会给我们带来更大的满足感，那是智能手机无法比拟的。只有真正感受到现实生活的乐趣，我们才会体会到生命的意义和价值所在。

6. 积极与长辈沟通，加强心理疏导。一旦发现自己沉溺于屏幕世界，要积极告知父母，让他们做你日常的监督人，严重者可以寻求专业心理医生的帮助，因为从"低头族"的心理上解决问题才是最根本的方法。

瞧一瞧，其他国家如何管理青少年使用手机

美国：为校园手机立法。目前，美国大部分学校不允许低年级学生使用手机。佐治亚州在上学日下午 3 时，即放学之前，严禁学生使用手机。

一旦学生违反规定，老师可以将手机没收，并对当事者进行违纪处理。

芬兰：禁止向青少年推销手机。芬兰市场法院决定，禁止芬兰无线通信公司直接向青少年推销手机入网等移动通信服务。如果违反这一禁令，将被处以 10 万欧元的罚款。

英国：英国的皇家中学规定学生不能使用手机打电话、查看时间、发短信和计算等，手机必须放在书包里或其他看不见的地方；出于安全和礼貌，不允许使用耳机；学生不能使用手机播放音乐或传播不良信息；学生必须确保手机中没有暴力或低级庸俗的图片，不能私自给他人拍照或摄像；手机在任何情况下都不能带入考场。

澳大利亚：要求学生使用手机必须尊重、体谅他人，避免干扰他人、扰乱学校日常秩序，不允许收发短信或资料，不允许在运动、郊游、课外活动等情境下使用手机，在课堂上手机必须关机。

目前，我国绝大部分中小学都不提倡学生使用手机，如果一定要使用，也多要求学生携带功能单一的非智能手机。

四、网络赌博猛于虎，切勿贪心去尝试

安全 小故事

　　小迟是一名普通的高二学生，成绩一直保持在班级的前十名，在爸爸妈妈眼中小迟是乖巧听话的好孩子，同学对他的评价也是"腼腆""安静""挚友"这类形容词。

　　今年暑假，小迟像往年假期一样，按时完成功课，闲时上上网、玩玩游戏，以此来释放平日学习的压力，实行劳逸结合。一天，他正在玩"斗地主"游戏，打算购买一些分值，结果稀里糊涂地进入了一个网络赌博网站。正当小迟准备关闭该网站时，网页上的"试玩"吸引了他的注意力，仔细一看，网站上的赌博还是真人现场视频。

小迟放松了警惕，心想："反正可以试玩，赢了也是我的，试试吧！"刚开始，他轻轻松松就赢了一千块钱，这可把他高兴坏了，要知道平时爸妈给的每周生活费还不足它的10%。于是，小迟立马注册了账号，并把自己平日攒的"小金库"的钱都充值进去。可是，接下来发生的

事情完全出乎小迟的意料，每一把牌都像与他作对似的，离赢钱总是"差一点点"。结果，他越输越多，这下可把小迟急得够呛，心里嘀咕"一定要把输掉的钱赢回来"。没有赌本的小迟突然想到前几天给他打电话聊天的堂哥，他立刻联系堂哥向其借了1000元，又向身边的同学借了钱。"口袋"塞得满满的小迟，胸有成竹地进入了该网站，哪知不一会儿的工夫，又输得精光，看着显示余额为零的账号，小迟一下子瘫坐在地上，身体不自觉地发抖。正在这时，妈妈爸爸下班回家了，看见眼前这副情景，吓得连忙问小迟："孩子，怎么了？发生什么事了？"小迟顿时号啕大哭，告诉了父母事情的原委。爸爸拍了拍小迟说："只要你说真话，并保证以后都不赌了，这次就当作买了一个教训。"小迟抽泣着说："爸爸妈妈，我以后都不会玩了，我真的很后悔，真希望这些都没有发生过。"

狄更斯在《双城记》中曾说过："这是最好的时代，也是最坏的时代。"这句话用在当今的网络时代，也有些贴切。网络时代是一个美好的时代，我们可以沉醉在其中，像故事中的主人公小迟一样释放压力，放松身心；但是它也是一个坏的时代，它让小迟误入迷途，身欠赌债，最终悔恨不已。那么，到底什么才算网络赌博？需要购买积分的在线游戏也是赌博吗？为什么我们的青少年常常会被网络赌博绑架？与其他赌博相比，网络赌博为何常让人无法自拔？

小知识1：形式多样的网络赌博

● **传统棋牌类**：如麻将、扑克、斗地主、百家乐、二十一点等。

● **体育竞技类**：此类赌博以比赛为赌注，如足球比赛、篮球比赛、高尔夫球比赛、百米赛跑、赛马、赛狗，甚至西班牙斗牛等。

● **在线游戏类**：通过"传奇""梭哈"等在线游戏进行赌博，一般是让游戏选手通过积分、等级决定参与者实力，想要实力越强，就需要

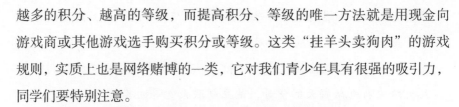

越多的积分、越高的等级，而提高积分、等级的唯一方法就是用现金向游戏商或其他游戏选手购买积分或等级。这类"挂羊头卖狗肉"的游戏规则，实质上也是网络赌博的一类，它对我们青少年具有很强的吸引力，同学们要特别注意。

小知识2：为什么我们的青少年会被网络赌博绑架？

●**我是一个好奇"宝宝"**。青少年好奇心甚重，越是自己不知道的事情，往往越容易引起他们的好奇心，非要弄个水落石出不可。这种好奇心，如果用在学习上那当然是非常好的，可是一旦用错地方，那就非常危险了。像故事中的小迟那样，抱着"试一试"心态的青少年不在少数，赌博面前放任自己的好奇心，就好比在悬崖边抬脚试探崖底有多深一样危险——稍有不慎，便会坠入悬崖。

●**我是新鲜事物的"模仿高手"**。有些青少年受电影电视的影响，认为赌王够威风、够气派，幻想自己有一天也能成为赌王，于是模仿着电影、电视里面的情节开始赌博，乃至一头扎入"赌海"。

●**我是需要自我麻痹的"受害者"**。有的青少年由于父母离异、家庭关系紧张、学习压力大、师生关系不好、考试受挫等不顺心的事感到精神苦闷，情绪低落，精神空虚，他们渴望借助其他手段来解脱自己，当他们接触赌博后，往往是越陷越深。

●**我是叛逆的"小大人"**。处于青春期的青少年，往往有一种逆反心理，成年人越让干的事情，他就越不想干；成年人越不让干的事情，他就越想干。由于这种不正常的逆反心理，导致他们对赌博也要去"以身试法"。

小知识3：与其他赌博相比，网络赌博为何容易让人无法自拔？

网络赌博是在互联网中进行的，赌客的钱也是通过充值、银行卡等渠道进出的，赌客由于缺少现金带来的真实感，对输和赢都变得很迟钝，这往往会导致他们下注更多。此外，每个人潜意识中都不想承认自己是一个失败者。无论是"运气"还是"技巧"，还是毫无根据的"意志"，人总是喜欢关注自己比其他人强的部分，而忽略自己的缺点。所以我们常常会听见一些在赌博中输掉大量钱财的赌客这样安慰自己："我只是一时运气不济而已，我技巧不比他差，坚持下来一定能比他赢得多"；还有的赌客认为自己才是最厉害的，"我有独特的赌博技巧！这事可不是单凭运气就成的，看我如何成为最大赢家吧！"就是这样的想法麻痹了他们，让他们越陷越深。

 安全保卫战 ---

网络赌博是社会的一大"恶性肿瘤"，摧残着青少年的身心健康，败坏着社会的风气，其"毒性"绝不亚于吸毒。

下面这几条，可以帮助同学们判断自己是否已迷上网络赌博。如果你有以下八条症状中的任何一条，就需要"解毒"啦！

1.脑子里总是想着赌博，几乎无法集中注意力做其他事情，学习成绩开始下滑。

2.赌得越来越大，对于那些输赢太小的赌博根本提不起兴趣。

3.如果停止或减少赌博，就会感到焦虑或发脾气。

4.无法自控，就算明白赌博对自己的危害很大，也仍忍不住赌博，自己试过戒赌瘾但戒不掉。

5.总是试图用更多的赌博来赢回输掉的钱。

6.对家长、老师隐瞒赌博的程度和输掉的钱。

7.为了得到赌资或弥补赌博带来的经济损失，不惜做出违法行为。

8.同时患上其他物质或精神成瘾，比如网络成瘾或游戏成瘾。

亲爱的同学们，如果你已经被网络赌博所困扰，请尽快按照下面的方式对网络赌博说"再也不见"！

●**多参与健康积极的活动，充实自己的课余时间。**在赌瘾没有戒掉的时候，最好不要一个人单独待在某一个地方。因为当你一个人长时间

第五章 拒绝网络诱惑，对不良信息"Say No"

处于某一个地方的时候，你内心里的渴望会将你带到你常常想去的地方。所以要多参加学校举办的课外集体活动，丰富课余生活，分散自己在赌博上的注意力。

名词解释：

赌徒输光定理：概率论认为，在一次赌博中，任意一个赌徒都有可能会赢，谁输谁赢是偶然的，但只要一直赌下去，输光却是必然的。

●赌博前先想想有可能出现的"后果"。当你想赌博的时候，你最好想想，如果你把钱输完了，这个月的生活费怎么办？这个时候千万别只想着赢钱，切记"赌徒输光定理"。

●远离赌博环境，不给沾赌创造任何机会。当你在戒赌的过程中，最好不要一个人出现在可以参与赌博的环境中，因为这个环境有可能将你带入进去，你又要开始赌博了。所以在戒掉网络赌博的过程中，尽量少接触电脑。

●将自己的"小金库"先交给父母管理。自己最好不要留多余的钱，因为一旦有多余的钱，你的手可能又会痒，你会再次误入歧途。所以可以将钱先交给你的父母管理，主动让父母帮助和监控自己。

●让自己累一点，不给大脑和身体留多余的精力。在戒赌的过程中，可以让自己每天的学习量多一点，如果今天的任务是背 20 个单词，那么你就给自己增加到 30 个。同时，选择自己感兴趣的运动并持之以恒，你会逐渐发现运动不仅对身体有益，还可以使我们的心理更健康。学习和运动也会让你变得更加优秀！

香港赌博趋于年轻化

据香港媒体报道，负责研究这一问题的黄教授表示，调查发现学生首次接触赌博的平均年龄为 8.1 岁，较低于过往其他同类调查所见的平均年龄 10 至 11 岁，让人触目惊心。赌博出现年轻化趋势，原因包括网上投注令青少年更易接触赌博。她表示，小学生赌博多受家人影响，如一起玩扑克牌等，曾有10岁学生最初只是协助家人投注，其后因记得户口号码而自己投注。她认为，青少年群体富于模仿，学习能力强，自控能力弱，为了他们自己的健康和未来，一定要让他们远离任何形式的赌博。

第五章　拒绝网络诱惑，对不良信息"Say No"

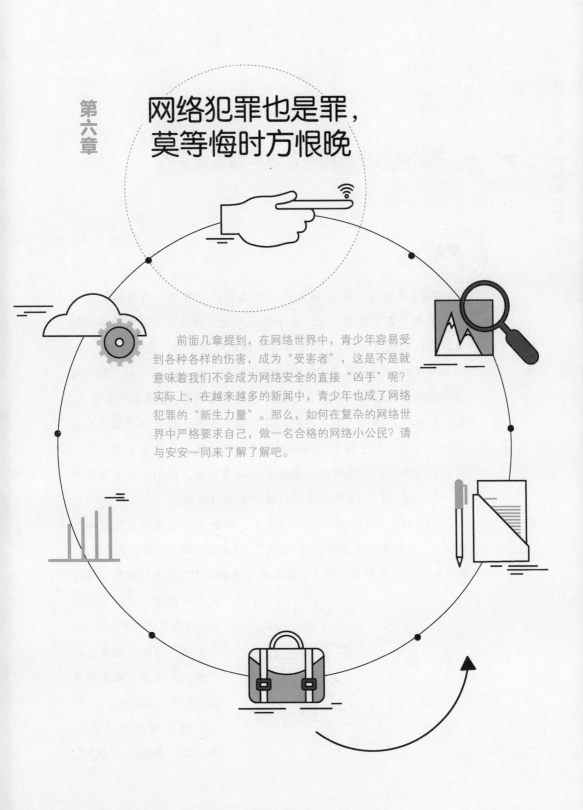

第六章

网络犯罪也是罪，
莫等悔时方恨晚

前面几章提到，在网络世界中，青少年容易受到各种各样的伤害，成为"受害者"，这是不是就意味着我们不会成为网络安全的直接"凶手"呢？实际上，在越来越多的新闻中，青少年也成了网络犯罪的"新生力量"。那么，如何在复杂的网络世界中严格要求自己，做一名合格的网络小公民？请与安安一同来了解了解吧。

▶ 一、不就是随手一转吗，怎么就违法了？

安全 小故事 -

　　2013 年 9 月，××镇发生一起意外死亡案件。经警察认定，死者是由于高处坠楼致死，排除他杀可能。但是，一名初三学生杨某在自己的微博、QQ 空间发布了所谓的死者死亡"真相"。

　　中午时分，杨某在 QQ 空间中发布了一条"说说"："社会难道真的这么黑暗吗？杀人案已经过去了三天两夜，警察依然不作为，各大媒体也不报道，案发现场的监控设施齐全，但是群众到现在也不知道真相，且警察多次与群众发生争执甚至殴打死者家属，无人出面承担责任。这个社会是怎么了？逝者安息，我们一定会为你讨还一个公道的！"这条信息总计被转发 900 余次。

　　就在杨某在 QQ 空间发布信息后，有数十人纠集在案发现场呼喊口号，散布关于死者死亡的"真相"，引发数百群众聚集，交通堵塞，现场失控。一些社会闲散人员在死者家属的带领下举着横幅到该县行

政中心闹访，后被警方劝离。为避免事态扩大升级，警方决定依法对死者进行尸检，最终确定死者就是高坠致死，排除他杀。

　　但是杨某却仍然不依不饶，在自己的 QQ 空

间、微博发布"警察早知道凶手了""看来必须得游行了"等不实
信息，还发微博称："案发地的法人代表是本县法院的副院长。"
而法院回应，该院根本没有这名副院长。

终于在 2013 年 9 月 17 日，警方对杨某涉嫌寻衅滋事案立案侦
查，当日下午，正在学校上课的杨某被警方依法刑事拘留。

（该故事改编自真实新闻《发谣言帖被转发超 500 次 一中学
生被刑拘》）

看完这个案例，很多同学一定会问：网络不是提倡言论自由吗？他
人的转发为什么也会加罪于杨某？亲爱的同学们，提倡言论自由不等于
可以恶意传谣和诽谤他人，在明知是捏造事实的前提下，杨某利用网络
散布死者"非正常死亡"的谣言，并且希望、放任这种信息扩大散布，
这种行为的性质是恶劣的，对社会造成的危害是巨大的。那么，怎么去
认识"被转发次数达 500 次构成犯罪"？是不是被转发次数只要在 500
次以上就是犯罪？

小知识 1：怎么去认识"被转发次数达 500 次构成犯罪"？

最高人民法院、最高人民检察院发布的《关于办理利用信息网络
实施诽谤等刑事案件适用法律若干问题的解释》（以下称《解释》）规
定，利用网络信息诽谤他人，同一诽谤信息实际被点击、浏览次数达到
5000 次以上，或者被转发次数达到 500 次以上的，应当认定其为刑法第
二百四十六条第一款规定的"情节严重"，可构成侮辱罪、诽谤罪。

此外，一年内多次利用网络信息诽谤他人行为未经处理，但诽谤信
息实际被点击、浏览、转发次数累计计算构成犯罪的，应当依法定罪处罚。

小知识 2：是不是转发次数只要在 500 次以上就是犯罪？

有同学会认为，被转发次数达到 500 次以上的规定，次数过于僵硬，
为什么是 500，不是 1000 或者其他数字？因为发布者将诽谤言论公开发

名词解释：

　　侮辱罪、诽谤罪（刑法第二百四十六条），是指故意捏造并散布虚构的事实，足以贬损他人人格，破坏他人名誉，情节严重的行为。

布于网上，目的就是希望、放任这种信息扩大散布，信息被转发500次证明其受到广泛关注，信息的恶劣程度、渲染力更强，其社会危害性相应也更大。转发500次这一数量是公安部门根据司法实践，结合大量现实案例而提出的，如果没有这样一个明确的标准，在司法实践中将无法具体操作。

　　此外，不能简单地认为"被点击、浏览次数达到5000次以上，或者被转发次数达到500次以上"就构成犯罪。认定犯罪需要坚持主客观相统一的原则，主观上要具有诽谤的意图，客观上要确实实施了侵害他人名誉的诽谤行为。《解释》还特别强调"实际"被点击、浏览及转发次数，其目的也是强调现实的社会危害性。司法机关适用《解释》应当根据个案具体情况予以认定，不应当机械理解。

　　小知识3：如果在不知是他人捏造的虚假事实的情况下转发，会不会构成诽谤罪？

　　有的同学很纳闷：当我不知道别人所发布的内容是谣言时，如果我转发了该内容算犯法吗？安安在此必须强调，《解释》规定必须是"明知是捏造的损害他人名誉的事实，而在信息网络上散布"，并且"情节恶劣的"，才能以"捏造事实诽谤他人"论。这两个条件缺一不可，如果你在不知情的情况下转发了他人捏造的虚假事实，也不会构成侮辱罪。但是，未经确证的信息，特别是可能会涉及侵犯他人人身权利的信息，请一定不要随意转发。

保卫战

　　微博、微信等社交媒体俨然已成为青少年最追捧的交际平台，大家看见具有"爆炸性"的消息时，往往急着转发评论，可是一不留心就可能变成散播谣言。我们又该如何辨别谣言，寻找真相，坚持不信谣、不传谣呢？

● **如何辨别网络谣言**？

1. **要有一定的科学、法律、社会常识，提高自身的"免疫力"**。例如，天津港爆炸第二天有传言"现场有 700 吨氰化钠，已经挥发到空中，今晚下雨，氰化钠遇水会变成剧毒……"如果同学们懂一些化学知识就会知道，氰化钠是一种晶体，熔点 563.7℃，是不容易挥发的。显然，这条信息是谣言。

2. **第一时间查看信息出处**。看到"骇人听闻"的信息后，可先在网上搜索一下，看一看信息的出处，如果只是网络帖子，可信度就要大打折扣。

3. **时刻关注官方权威信息**。谣言信息一般会涉及很多行业或部门，我们可以关注一下这个行业或部门发布的信息，有些行业或部门会及时发布通报澄清谣言。我们可以通过关注官方的信息来辨别这些谣言。

4. **疯狂煽情的消息不可靠**。如果遇上有"是某某人就顶""不转不是人"之类话的，要十分警惕其真实性，因为真相的力量足够强大，不需要煽情。

5. **向警方求助**。对于很多人都无法辨别的、社会影响极大的消息，可以及时寻求警方帮助我们识别这些信息的真假。

造谣固然可怕，但是传谣更是助纣为虐。当我们遇到不确定的、容易引起社会恐慌的消息时要保持理性，学会正确对待，努力做到"三不"——不造谣、不传谣、不信谣。

● **如何做到"三不"**？

1. **不轻信散布未经确认的消息**。对一切没有正规信息来源的"据传""据说""据报道"保持质疑，不造谣，不传谣，让官方消息引导舆论主流。如果你在微博、朋友圈或贴吧中看到有不明身份的人借机制造各种不合时宜的言论，请及时辟谣，提醒删除；如对方拒绝处理，请截图存证，发给警方。

2. **不发表消极抵触的言论**。灾难当前，也常有一些极不和谐的声音，或是危言耸听，说实际伤亡人数更多，或是极度抵触地宣称政府隐瞒

事实，对这类信息请勿听信和转发。

3. 多传播积极向上、充满正能量的内容。请不要为了吸引眼球发布一些反映社会阴暗面的负面新闻、图片，我们应当多传播有积极影响、充满正能量的信息。

无论是在现实生活中还是在网络上，匿名侮辱他人、造谣诽谤、散布谣言的，都会被依法追究法律责任。就像上文案例中所提到的主人公，虽然他们都是未成年人，但是恶意传谣也让他们最终受到法律的惩罚，所以我们都要对自己的网络言论负责。同时，当我们在网络上遭受到语言攻击或诽谤时，也要学会保护自己，并及时向家长或老师求助。

 -

盘点那些年轰动一时的网络谣言，你中招了吗？

1. 上海女逃离江西农村

2016 年 2 月，一位自称上海人的女孩在网上发帖称，第一次去江西农村男友家过年，因一顿年夜饭难以忍受农村的贫穷落后，连夜赶回上海。这篇帖子挑起了城乡差异、地域歧视等热门话题，在网上引起轩然大波。

真相：国家互联网信息办公室联合相关部门展开调查，江西网信办公开辟谣，证实这是一则假消息。发帖者并非上海人，而是江苏省某女网民，因春节前与丈夫吵架，不愿去丈夫老家过年而独自留守家中，于是发帖宣泄情绪，内容纯属虚构。

2. 中科院震惊调查：3300 名高考状元下场悲惨，没有行业领袖

2016 年高考后，一则很老的谣言又在网络上冒了出来，标题耸人听闻：《中科院震惊调查：30 年 3300 名高考状元下场悲惨，没有行业领袖》，声称调查了恢复高考以来的 3300 名高考状元，发现没有一位成为行业领袖。

真相：中科院官方微博"中科院之声"再次辟谣："截图内容不实，此前我们曾多次辟谣。"

3. 多地流传虚假 H7N9 疫情的网络谣言

2017 年 2 月份，多地陆续流传虚假 H7N9 疫情的网络谣言。这些谣言有的附有数张所谓的"医院抢救"照片截图，有的捏造死亡者姓名、性别、年龄等信息，有的捏造感染者之前与禽类有过接触等情节，在一定范围内引发了恐慌。

真相： 针对此类谣言，各地分别在第一时间展开辟谣，并对谎报疫情、虚构事实、扰乱公共秩序的造谣者进行了依法处置。

4. "地震"传言令山西数百万民众受惊

2010 年，关于山西一些地区要发生地震的消息通过短信、网络等渠道疯狂传播，由于听信"地震"传言，山西几十个市县数百万群众凌晨走上街头"躲避地震"，山西地震官网一度瘫痪。

真相： 即日，山西省公安机关立即对谣言来源展开调查，后查明造谣者共 5 人。

▶ 二、TA 的拳头从屏幕里打到了我的脸上

安全 小故事 ···

　　"帮帮忙去死吧，你这个可怜的家伙"，连续数周时间，这些赤裸裸的谩骂多次出现在汉娜的主页上，让汉娜想不明白的是，她不过就是在自己的主页上晒了一张自拍而已。可怕的是，骂声甚至连因生病早逝的汉娜母亲都不放过，网友留言称"她该死，罪有应得"。还有很多人在她的个人主页上留言道："你真的很丑""太肥了"，甚至有人还诅咒她"遭遇死神""得癌症""去死"。

　　汉娜也曾一度勇敢地对这些威吓之词做出反击："是的，我可能丑陋，但你们让别人死，说明你们的性格更加丑陋。你们可能欠缺关爱。"但最终，这些粗暴的语言让她真正陷入抑郁，不堪重负的汉娜还是选择了在家中上吊自杀。

　　沉浸在失女之痛中的父亲大卫终日以泪洗面、夜不能寐。他一直试图找出夺去女儿生命的真凶，因为在父亲看来，汉娜一直都是一个非常开朗、阳

光而平凡的女孩。直到在检查了女儿生前使用的电脑后，父亲大卫才明白，那些躲在屏幕后面的网络暴力才是杀害女儿的"真凶"！

汉娜去世后，父亲大卫总觉得应该为可怜的女儿做点什么。他开始公开呼吁设立"网络管理"制度，并在公共场合发表自己的演讲。在一次大型的活动中，父亲大卫面对上万的观众，拿着自己女儿生前最喜欢的鲜花，高喊："匿名的谩骂也是一种暴力！你在电脑屏幕后面说话的时候可以随心所欲，可你却不知道这些留言将会给他人带来多深的伤害。"大卫的呼声引发了全场的欢呼，他的声音在网络上也得到了成千上万人的支持。

（改编自新闻报道《网络暴力逼死一英国 14 岁少女》）

安安小课堂

事实上，类似的关于网络暴力的新闻早已屡见不鲜。14 岁中国女孩小潘由于用 VIP 账号在网上发了条"权志龙的一场演唱会够 C 罗踢一辈子足球"的微博，被网友谩骂和人肉搜索。最终，小潘的母亲心脏病突发，小潘被爸爸赶出家门，被学校勒令退学，身心受到严重创伤。15 岁女孩小蓓的照片被同学 PS 合成了一张半裸体照片，之后被发在同学群中。原本是开玩笑的行为，却对小蓓造成了严重的精神伤害。

近年来，互联网的高速发展使得每一位青少年都可以在网络上任意"发声"，哪怕是那些让人不堪入耳的声音。暴力行为早已不仅存在于现实生活中，已经延伸到网络虚拟空间，由"线下"发展为"线上"，成为"看不见的暴力"。很多青少年表示自己曾遭受过网络暴力。那么，网络暴力到底是怎样的一种"暴力"呢？网络上一句随意的辱骂

名词解释：

人肉搜索是一种类比的称呼，主要是用来区别传统搜索引擎。它主要是指通过集中许多网民的力量去搜索信息和资源的一种方式，它包括利用互联网的机器搜索引擎（如百度等）及利用各网民在日常生活中所能掌握的情况来进行信息搜索的一种方式。

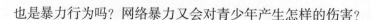

也是暴力行为吗？网络暴力又会对青少年产生怎样的伤害？

小知识 1：网络暴力到底是怎样的一种"暴力"？

网络暴力又称"网络欺凌"，它不同于现实生活中拳脚相加，血肉相搏的暴力行为，而是借助网络的平台用语言文字对他人进行伤害与诬蔑。这些语言、文字、图片、视频往往具备用意恶毒、尖酸刻薄、残忍凶暴等特点，不但对他人进行人身攻击、恶意诋毁，有的网络暴力甚至还将这种伤害从网络转移到现实社会中，将当事人的真实身份、姓名、照片、生活细节等个人隐私公布于众。这些不但严重地侵犯了个人隐私，更破坏了他人的日常学习和生活秩序，甚至会造成像汉娜一样不堪重负而选择自杀的严重后果。

小知识 2：一句随意的辱骂也是暴力行为吗？

1. **文字语言类的网络暴力**。网络是一个虚拟的社会，匿名的功能更是让网友们随心所欲。在任何一个网络暴力事件中，不难发现，其中文字语言暴力必定不会少，粗俗、恶毒的攻击性语言增加了网络暴力的危害。无论是选择自杀的汉娜，还是身心受到严重创伤的小潘，都遭受了网络攻击性语言的辱骂。所以，你还认为一句随意的辱骂不是网络暴力行为吗？

2. **图画信息类的网络暴力**。图画信息暴力在网络暴力事件中也并不鲜见。例如篡改他人传上网络的照片，通过照片的篡改进行侮辱、诽谤、攻击等，就像小蓓的照片被同学恶搞合成一张半裸体的照片一样，都是网络暴力行为。

3. **对他人隐私的随意曝光**。在众多的网络暴力事件中，往往掺杂着不同程度的"人肉搜索"。参与者通常认为这是一件刺激而有趣的事，他们天真地以为自己就像"神探"一样威风。殊不知，这其实是对他人隐私权的侵犯。小潘因为使用 VIP 账号被网友"扒出"她的姓名、学校、家庭住址等信息，最终导致一家人深陷网络暴力的漩涡中。

小知识 3：网络暴力对青少年造成怎样的伤害？

1. 网络暴力混淆真假，容易使青少年失去应有的判断力与思考力。 青少年容易在真假混淆的网络空间中失去判断能力，最终做出违背普遍道德伦理价值观的行为。

2. 网络暴力的极端表达，会影响青少年的道德价值观。 在网络暴力事件中，参与事件的网民盲目地支持绝对化的观点。他们往往披着道德的外衣，做着违反道德的事，而且并不认为自己有错。青少年本身处于易受他人影响的成长阶段，在网络暴力事件的混乱中，容易受到极端观念的影响，认为非 A 即 B，而不是站在客观、中立、辩证的角度去看待问题，从而使得自己的道德价值观被扭曲。

3. 网络暴力对他人尊严的任意践踏，会导致青少年缺乏生命意识。 如果青少年在网络中长期扮演着为暴力行为"叫好""点赞"的角色，他们将看不到人性美好温暖的一面，会感到生活中恶意无处不在。在他们的心中，没有感动，没有同情，只有麻木、怀疑的悲观情绪。

> **名词解释：**
>
> **生命意识**：就是人类对自身生命和其他生命的尊重和关爱，包括处理好个人与他人的关系，与人和谐相处，关心他人，同情弱者，尊重与珍爱他人的生命等。

安全保卫战

相比现实社会，网络环境的随意性更高。由于谁也不认识谁，潜藏在人们心中的阴暗面就放肆地暴露了出来，于是你会经常在网上看见一言不合就随意谩骂的现象。面对网络暴力，我们应该如何做呢？

1. 文明上网，不做"施暴者"。 网络空间是一个虚拟世界，很多青少年在网上肆意发泄自己的愤怒和不满，随意辱骂他人以获得心理宣泄的快感。这些不负责任的谩骂和羞辱不仅会对他人造成伤害，使

第六章　网络犯罪也是罪，莫等悔时方恨晚

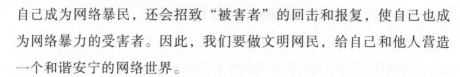

自己成为网络暴民，还会招致"被害者"的回击和报复，使自己也成为网络暴力的受害者。因此，我们要做文明网民，给自己和他人营造一个和谐安宁的网络世界。

2. 抵制不良网站。我们在上网的过程中，如果发现在某网站上经常被谩骂、恐吓，要及时停止浏览该网站。不要第一时间和施暴者辩论或对骂，因为这样会招来更多的羞辱。抵制网络暴力的最好办法是停止浏览网页或关闭应用，减少网络暴力对自己的影响。

3. 不要在网上泄露个人信息。你的个人信息和照片可能会暴露你，从而使你成为网络暴民攻击的对象。上网时要注意保护自己的个人隐私，不要轻易透露自己的个人信息。

4. 收到恐吓信息要及时求助。恐吓邮件或留言大多是网民的恶作剧，主要目的就是吓唬他人作乐，不会真的付诸行为。当我们收到恐吓信息时，难辨真伪，常常会产生恐惧、焦虑、不安等心理。出现这种情况时，应及时告诉家长或老师。必要时请家长、学校采取保护措施，以保证自己的人身安全，缓解心中的不安。

5. 低调为人处世，避免不必要的矛盾。很多网络暴力往往源自于现实社会，因此你在现实社会中也应该低调为人，平和处世，不授以他人网络攻击的把柄，这样就算偶尔有人存心找茬，网民也不至于群起攻击。

6. 树立良好的网民形象。遭遇网络暴力的时候，你平时在网络上留下的历史痕迹很可能成为对方煽风点火的筹码，因此平时就应注意在网络上谨言慎行。

7. 吸取经验教训，反省自我。网络暴力事件平息以后，我们需要及时总结经验教训，反省自己是否在言行方面触犯了大众的底线，然后及时改过自新，千万不能恼羞成怒攻击其他网民，把自己置于千夫所指的地步。

作为普通的青少年，我们绝不能去做一个卑劣的网络暴力施暴者，而是应该提高自身素养，文明上网，提高辨别网络信息真伪的能力，不做盲目的跟风者，不做网络暴力的帮凶。同时，还应当学会保护自己，注重个人信息的保密，避免成为受害者。

国外对网络暴力是如何打击的？

美国国会通过了《网络欺凌预防法案》，规定任何人如果带有胁迫、恐吓、骚扰或引起精神折磨的意图与人交流，并用电子手段做出恶意行为，就将面临罚款和长达两年的监禁。

日本规定手机公司、网站等通信服务提供商有义务为青少年提供过滤软件，免费进行过滤服务。日本政府规定，一旦发现诽谤中伤留言或接到受害者投诉，通信服务提供商要及时采取删除有害信息等措施。

德国是全球第一个发布网络成文法的国家。法律明确规定，互联网言论可以成为犯罪事实。德国司法部门还规定，社交网络必须在 24 小时内删除煽动、散布仇恨的不良信息。

韩国对于网络诽谤行为给予较严厉的刑事制裁。韩国《电子通信基本法》规定：以危害公共利益为目的，利用电子通信设备散播虚假信息者，将处以 5 年以下有期徒刑，并缴纳 5000 万韩元（约合人民币 29 万元）以下的罚款。

▶ 三、黑客不是"客"，争做合法小网民

1988 年，美国五角大楼连续两周遭到神秘黑客的入侵。黑客遛进了 4 个海军系统和 7 个空军系统的网页，盗走了美国国防部军用卫星的绝密资料。

这次黑客入侵激怒了五角大楼，这是他们当时发现的最有组织的网络入侵事件。五角大楼和联邦调查局发誓，一定要查出这些胆大妄为的计算机黑客，给他们点颜色瞧瞧。

在为期一个多月的时间中，20 多名联邦调查局特工和计算机专家全天候地密切监视着黑客们在网络上留下的痕迹。这些痕迹清晰地显示：他们最喜欢光顾的地方就是美国政府、军队、国家图书馆、大学实验室的计算机网络。经过连续的跟踪调查，终于找到了他们的位置。

当警察和特工们冲进包围了几个小时的房间时，他们都惊呆了，出现在他们眼前的竟然是两个眉清目秀的少年，他们的年龄不过十五六岁。这两个小家伙正在计算机前忙着入侵五角大楼的计算机网络，见到忽然冲进来的警察和特工们，

吓得脸色发白，浑身发抖。特工们将两个孩子逮捕，计算机专家立刻对其计算机进行了检索，查到涉及许多美国重要部门的原始文件。

尽管这场追捕黑客的战斗取胜的是联邦调查局，但他们始终认为，在两个少年的背后一定有一个没有露面的黑手，一定是一个高级计算机专家向两个少年提供了入侵计算机网络的工具和技术指导。直到一个星期后，军方获得消息：这名幕后黑手就在以色列。联邦调查局立刻抵达以色列，在以色列官方的帮助下，逮捕了这位自命不凡的黑手，可让联邦调查局更没想到的是，这位高手居然是一位 18 岁的少年。

不仅美国有少年黑客，中国也同样有这样一群特殊的网民。16 岁的小叶借助黑客技术，破译掌握了全国约 19 万个银行账户的资料，再利用网络支付漏洞盗刷他人银行卡，涉案金额近 15 亿，最终被警方通报抓捕。然而，小叶并不是第一个把聪明用错地方的孩子。一个曾多次侦破少年黑客案件的警察感叹：这些少年黑客的计算机技术令人佩服，称之为"天才"一点也不为过。这些少年黑客到底是一群怎样的"天才"？他们的犯罪心理又是怎样的？为何要走向黑客的世界？除了破解系统取得秘密资料，他们还会做什么？

小知识 1：少年黑客到底是一群怎样的"天才"？

"黑客"是由英语"hacker"音译而来，定义为专门入侵他人系统进行不法行为的计算机高手。但是，到了今天，"黑客"一词已经被用于泛指那些专门利用电脑搞破坏或恶作剧的家伙。随着时代的发展，网络上出现了越来越多的"少年黑客"，他们精通计算机技术，但是他们法律意识淡薄。他们使用扫描器到处乱扫，用 IP 炸弹炸别人，毫无目的地入侵、破坏服务器，给社会带来巨大的损失。

小知识2：他们为何走向黑客世界？

很多黑客的法律意识薄弱，缺乏道德感。有些黑客虽然知道自己的行为是受谴责的，但认为自己并没有杀人、抢劫，只是运用自己的智力去挣钱，与其他合法的挣钱方式没有什么区别。

也有些计算机黑客明知自己的行为是在违法犯罪，但认为法律离自己很遥远，只要自己犯罪技巧高明，就不会留下任何蛛丝马迹。

这些黑客心理上几乎都没有罪恶感，他们认为网络世界是虚拟的空间，一切行为都是在极其隐蔽的个人小环境中进行的。同时，许多网络设备缺乏安全防范措施，网络系统管理人员水平又不能及时提高，给黑客造成可乘之机。理论上，黑客们只需一台计算机、一条网线就可以远距离作案，而且作案现场不会留下任何痕迹，现有的侦破手段也难以跟踪，这些都使得行为人在犯罪时失去了罪恶感，促成了其犯罪心理的形成和犯罪行为的发生。

小知识3：猜一猜，黑客主要干些啥？

第一个行为特征是恶作剧型。这种类型的黑客喜欢进入他人的网站，把网站上的某些文字和图像删除或者篡改，显示自己的技术。

第二个行为特征是隐藏攻击型。这种黑客是隐藏在暗地里，用匿名的身份对网络上的资源进行非法获取，大多数情况下不容易被人觉察到。

第三个行为特征是定时爆破型。这种类型的黑客故意在网络上布置陷阱或者布置逻辑炸弹程序，在特定条件下引起破坏的行为，产生服务器瘫痪等后果。

> **名词解释：**
>
> 逻辑炸弹引发时的症状与某些病毒的作用结果相似，一旦引发，会对社会造成连带性的灾难。对系统管理员和计算机用户来说，这样的恶意程序如同埋藏在计算机中的一颗颗地雷，随时可能引发灾难。

安全保卫战

在这个互联网高速发展的时代，我们无时无刻不在接触互联网，网络安全是一个我们不得不考虑的问题。下面，安安就根据自己的亲身经验来教大家如何防止被黑客"吊打"。

1. 使你的社交网站账户处于隔离状态。要确保你所有的账户不是串联在一起的。首先不要把 QQ、微博和微信捆绑在一起。在登录这些网站和其他常用网站时使用不同的邮箱地址也是个好主意。如果把所有的账户都与同一邮箱账户绑定，当这个邮箱地址被黑的时候，就很可能导致一场灾难。

2. 使用复杂的、独特的密码。随机生成一个由字母、符号和数字联合构成的密码是最好的，至少要同时使用字母和数字，并且要避免常用的词。关于如何设置个性密码，请看本书第二章的第一节。

3. 启动双重认证。双重认证是指你登录的时候需要同时使用密码和一个随机生成的验证码，这个验证码通常会发送到你的手机上。有了双重认证，即使黑客破译了你的密码也很难进入你的账户。很多重要的网站都可以设置双重认证，你不妨试一试。

4. 定期对电脑进行系统检测和病毒扫描。杀毒软件是很有必要的，尽管有些杀毒软件很"流氓"。很多人有这样的体验，安装了杀毒软件以后电脑变慢了，这是因为杀毒软件很多的程序是需要一直运行的，所以会拖慢电脑的运行速度，但是好过等到被黑客攻击了再后悔。

5. 更新电脑的软件。定期检查以确保你的电脑软件是最新的。苹果和微软公司都会经常推出一些安全补丁，对电脑系统不断进行完善和更新。

6. 使用密码管理器。从长期来看，使用一组安全性高的密码，并经常改变这些密码，会使你的数字生活更安全，更不容易被黑客攻击。但是从短期来看，你要记住这么多不同的密码，也确实是一件很麻烦的事情。幸运的是，你并不需要真的去记住它们，而只需要记住一个超强的超级密码来解锁密码管理器就可以了，用密码管理器来帮助你管理各类密码。

7. 上网保持时刻警惕。 有时候恶意链接、恶意软件、恶意邮件以及恶意的网站都非常危险，上网时一定要提高警惕。

全国最小黑客，曾花 1 分钱网上买到价值 2500 元的商品

他叫小汪，从 8 岁时开始痴迷写计算机代码。当他父母发现小汪对电脑痴迷后，给小汪买了当时配置顶级的笔记本电脑。在这台笔记本电脑上，小汪写了 5 年代码，最后电脑键盘都被他敲坏了。小汪的父母为了最大程度支持小汪，还给小汪购买了很多电脑编程方面的书籍。有了这些电脑技术方面的书籍，小汪如虎添翼。

小汪经常寻找各种网站的漏洞，进而提升自己的电脑技术。他曾经用一分钱在一家网站买了价值 2500 元钱的商品，但小汪不仅没要这些商品，反而还把这个漏洞告诉了那家网站。小汪希望大家不要叫他"黑客"，而称他为"白帽子"。他学习网络技术的目的是帮助网站修补完善，不会用技术做违法的事。

谈到自己的梦想，小汪表示："我希望通过努力能上个好大学，继续学计算机，还可能会去创业。我喜欢控制自己的节奏，不喜欢被控制。"

四、有一种成长叫作学会维护国家安全

安全小故事

2015 年，温州有线电视网络系统的部分市区用户的机顶盒遭到"黑客"攻击，出现了一些反动宣传内容，不仅影响了群众正常收看电视，还造成中广有线公司温州分公司经济损失人民币 629.4 万余元。经警方侦破，这名"黑客"系在北京工作的计算机信息系统工程师王某。

自 2013 年以来，王某因工作不顺，对公司产生不满，就想搞破坏，实施报复。王某先是通过互联网收集了大量含有煽动颠覆国家政权等内容的非法图文信息，并编写了一系列破坏性程序为作案做准备。然后，他再利用自己的职务便利，通过互联网进入中广有线公司温州分公司广告业务系统，将破坏性程序传送到相关服务器上。在案发当晚，当市区部分用户正在收看电视时，12 段非法文字信息、6 张非法图片出现在了用户的电视机上，让整个温州市一片哗然。

天网恢恢，疏而不漏。最终温州鹿城法院认定王某犯破坏计算机信息系统罪和诬告陷害罪，被判处有期徒刑 12 年，剥夺政治权利 2 年，并处罚金人民币 10 万元。

第六章 网络犯罪也是罪，莫等悔时方恨晚

没有网络的安全，就没有国家的安全、社会的稳定。案例中的王某利用互联网传播反动非法信息，对社会稳定造成危害，最终受到法律的制裁。同样，作为青少年的我们，如果遭受到这些反动非法信息的毒害，后果将不堪设想。

小知识：反动信息到底多"反动"？哪些信息可以被称为反动信息？

根据《中华人民共和国电信条例》第五十六条规定，任何组织或者个人不得利用电信网络制作、复制、发布、传播含有下列内容的信息：

（1）反对宪法所确定的基本原则的；

（2）危害国家安全，泄露国家秘密，颠覆国家政权，破坏国家统一的；

（3）损害国家荣誉和利益的；

（4）煽动民族仇恨、民族歧视，破坏民族团结的；

（5）破坏国家宗教政策、宣扬邪教和封建迷信的；

（6）散布谣言，扰乱社会秩序，破坏社会稳定的。

以上这六条信息属于反动信息，反动信息又可分为政治煽动、反动宗教信仰、破坏民族团结三大类：

● **政治煽动**：通过互联网制作、复制、发布、传播有煽动抗拒、破坏宪法和法律、行政法规实施的内容；煽动颠覆国家政权，推翻社会主义制度的内容；煽动分裂国家、破坏国家统一的内容；捏造或歪曲事实，散布政治谣言，扰乱社会秩序的内容；发布、传播损害中国共产党和国家机关信誉以及党和国家领导人名誉的内容信息。

● **反动宗教信仰**：现在有一些反动组织利用他人的宗教信仰，达到利用别人以实现自己的政治经济利益的目的。他们利用信息时代的高科技，建立反动的宗教信仰网站，把人们引入歧途。

● **破坏民族团结**：各民族团结平等是我们党和国家一贯坚持的基本政策，任何煽动民族仇恨、破坏民族平等团结的言行都是非法的。

青少年是网络文化的参与者、推动者，他们在吸收网络正能量的同时，也容易受到各种各样负能量信息的干扰。青少年是祖国的未来，保护、培养、引导青少年健康成长，全社会要给青少年营造一个天朗气清、生态良好、风清气正的网络空间，让社会主义核心价值观和人类优秀文明成果为代表的主旋律文化占领网络阵地。

历史和现实证明，青少年有理想有担当，国家就有前途，民族就有希望。青少年强则国家强！青少年强则民族强！青少年是祖国发展建设的主力军，也是维护网络安全的积极践行者，这是历史赋予我们的责任。要时刻绷紧安全这根弦，坚决自觉抵制网络世界的各种不良诱惑，自觉做文明守纪的新时代好网民。

要提高甄别真假、美丑、善恶的能力，坚决抵制虚假、诈骗、攻击、谩骂、恐怖、色情、暴力等信息在网络空间的生存与传播，做到不信谣、不传谣，唱响主旋律，传播正能量。要学习安全上网技能，培养良好的安全素质。保护好个人敏感信息、数据，不要轻信虚假中奖、游戏交易等诈骗信息，避免误入非法分子的网络陷阱和圈套。定期检测电脑主机，查杀病毒，维护好身边的良好网络生态环境。青少年要积极投身于网络强国建设之中，网络安全从我做起、从小事做起、从指尖做起，为实现中华民族伟大复兴的中国梦贡献力量。

（摘自宫亚峰《青少年是维护网络安全的主力军》，有少量改动）

第六章　网络犯罪也是罪，莫等悔时方恨晚

互联网安全：网络信息防火墙

青少年网络安全意识教育被纳入多国国家战略

　　近年来，多国加强了对青少年网络安全意识的培养与教育，将提升青少年网络安全意识作为国家战略举措之一。奥地利《网络安全战略》提出"将网络安全能力、媒体能力等内容纳入学校课程"；荷兰《国家网络安全战略》中，将"具备充分的网络安全知识与技能"作为一项重要目标，提出"为学生建立一个网络安全平台"的行动部署；澳大利亚《网络安全战略》提出"在澳大利亚中小学开展网络安全的单元课程教育"，以提升青少年的网络安全意识与能力。

　　青少年是我国网民的重要组成部分，青少年具备良好的网络安全意识与能力对于保护其自身利益、抵制网络犯罪和防范网络威胁而言至关重要。因此，我国应借鉴国外经验，加紧制定出台我国国家网络安全战略，将青少年网络安全意识教育与能力培养作为重要战略内容，通过针对青少年的、丰富多彩的网络安全意识教育活动，切实提升我国青少年的网络安全意识与能力。

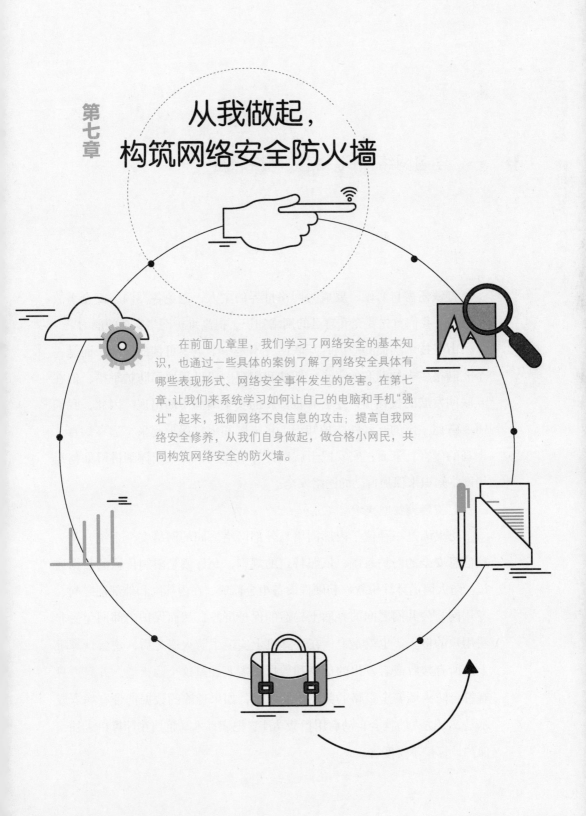

第七章

从我做起，
构筑网络安全防火墙

在前面几章里，我们学习了网络安全的基本知识，也通过一些具体的案例了解了网络安全具体有哪些表现形式、网络安全事件发生的危害。在第七章，让我们来系统学习如何让自己的电脑和手机"强壮"起来，抵御网络不良信息的攻击；提高自我网络安全修养，从我们自身做起，做合格小网民，共同构筑网络安全的防火墙。

▶ 一、学习网络知识，打败网络恶魔

打铁还需自身硬，要成为网络世界的主人，避免各类网络安全事故的发生，我们首先要充实自己的网络知识，提高维护网络安全的能力。

由于技术层面的原因，互联网并不是一个坚不可摧的屏障，而是一个充满很多未知漏洞的平台。即使我们现阶段已采取了防护举措，但在互联网发展的过程中，还会有很多新的安全漏洞不断出现。因此，我们需要掌握一定的互联网防护知识，将电脑和手机保护起来，远离病毒、木马的侵害。下面，安安博士就以计算机为例，为大家详细讲解如何运用网络知识来保护自己的网络安全。

1. 安装网络防火墙

防火墙是一种位于内部网络与外部网络之间的网络安全系统，是一项信息安全的防护系统，依照特定的规则，允许或是限制传输的数据通过。防火墙由计算机软件和硬件设备组合而成，在内部网和外部网之间、专用网与公共网之间的界面上构造的保护屏障，从而保护内部网免受非法用户的侵入。也就是说，在计算机上安装了防火墙之后，这台计算机上面所有接收或者发出的信息和数据都需要经过这个防火墙。并且，只有符合防火墙安全策略的数据才能通过，如果传输的数据携带有病毒或木马，那防火墙就会自动启用拦截功能，把病毒木马阻挡在计算机之外，保护计算机不受侵害。

2. 安装杀毒软件

杀毒软件，是用于消除电脑病毒、特洛伊木马和恶意软件等计算机威胁的一类软件，也称作反病毒软件或防毒软件。杀毒软件通常集监控识别、病毒扫描、清除和自动升级等功能于一体，有的杀毒软件还带有数据恢复等功能，是计算机防御系统的重要组成部分。

（1）计算机中毒的常见症状

● 电脑经常无缘无故死机；

● 系统无法启动或经常自动重启；

● 电脑突然无法操控，鼠标键盘失灵；

● 屏幕突然变成黑色或蓝色；

● 系统经常报告内存不够或提示硬盘空间不够；

● 正常的文件打不开；

● 出现大量来历不明的文件；

● 文件数据莫名丢失；

● 系统运行速度突然变慢。

如果你的电脑出现了以上一个或多个症状，那么你的电脑就很有可能中病毒了。除非遭遇黑客攻击，病毒一般不会无缘无故入侵你的电脑，因此以上症状一般是由自己不恰当操作或者外部设备传染病毒导致的。

（2）计算机中毒的常见原因

● 遭遇黑客入侵；

● 点击了木马链接；

● 从无安全检测的网站下载安装了应用程序；

● 浏览了非法网页；

● 接收了携带木马的文件；

● U盘在网吧等公共电脑使用后未杀毒；

● 个人电脑上未装杀毒软件。

（3）计算机中毒的解决方法

首先，发现计算机中毒后，应立即切断计算机网络，如果是台式电脑可以拔掉网线或者断开网络连接，如果是连接 Wi-Fi 的笔记本电脑，可以关闭 Wi-Fi 来断开连接。此举可以在第一时间阻止病毒窃取电脑信息和对外发送信息，保护电脑上的数据文件。

其次，在断网之后，对电脑进行木马查杀，找出导致计算机中毒的"始作俑者"，并用杀毒软件将其隔离。先对病毒文件进行隔离，是为了防止重要文件丢失。因为杀毒软件有对病毒进行"隔离"和"删除"的功能，如果直接删除，很可能丢失一些重要的文件，因此，在对病毒文件进行处理之前，要确保文件是否可以删除，如果是不能删除的重要文件，需要先进行备份。

最后，再对电脑进行全盘扫描、漏洞修复和垃圾清理。通过全盘扫描，发现病毒文件的残留，找出它的"同党"，并进行彻底清除，防止病毒感染到其他文件后导致电脑再次中毒。进行漏洞修复是为了让计算机的防御升级，防止新型病毒逃过杀毒软件的拦截而入侵电脑。进行垃圾清理一方面可以让一些可能携带病毒的垃圾文件无处可逃，另一方面还可以维护系统性能，提高计算机的运行速度。

（4）如何预防计算机中病毒

第一，不要打开不明文件。不要随意打开陌生人发来的邮件附件，或者好友发来的未知文件，因为即使是 QQ 好友，也有被盗号后发送木马文件的可能。我们在上网的时候，对他人发来的任何文件都要小心仔细，特别是之前没有通过正常联络告知就突然传来的文件。这类木马文件的名字一般都很具有吸引力，容易让人上当，一旦我们打开了这类木马文件，QQ 就很可能被盗号，电脑也很容易中病毒。因此，我们一定要格外注意，不要随意接收他人特别是陌生人发来的文件，尤其是后缀名为".exe"".bat"等可以执行的文件。就算不小心下载了，也不要双击打开，而是应立刻删除，再用杀毒软件查杀木马，以免计算机中病毒。

第二，在不安全环境中使用过的移动设备要及时查杀病毒。目前移动设备最常见的就是 U 盘、移动硬盘等，这些设备要是在网吧、机房等公共场所的计算机上使用过，回到家里在插上个人电脑后一定要立刻扫描，防止将公共场所的计算机上的病毒传染给个人电脑。

第三，不要浏览不安全的网站。在第四章中，安安博士告诉了小朋友们，辨别一个网站是否安全，最简单的办法就是用 360 安全浏览器等带有检测功能的浏览器，这类浏览器会对检测到存在危险的网站进行提示，大家也可以用浏览器的"照妖镜"功能，主动检测你所浏览的网页是否安全。需要提醒大家的是，目前很多不正规的小网站隐藏了木马程序，因此大家最好浏览常用的、正规的网站，不要打开那些满屏充斥着小广告、打开就会有很多弹窗的网页，不然很容易在浏览网页或者下载程序的时候感染木马。

（5）常见的杀毒软件

目前，应用市场上有很多免费的杀毒软件，基本能满足我们日常使用的需要。这些杀毒软件通常具有安装和升级方便、占用内存较小、查杀方式简单等优点，因此大多数计算机用户都会安装免费的杀毒软件。

目前，市场上主流的免费杀毒软件有 360 安全卫士、金山毒霸、腾讯电脑管家等。这几款免费杀毒软件，各有各的优势，360 安全卫士具有查杀率高、资源占用少、升级迅速等优点，但病毒误报率相对来说比较高；金山毒霸具有病毒防火墙实时监控、压缩文件查毒、查杀电子邮件病毒等功能，但曾经出现过恶意扣费的行为；腾讯电脑管家集专业病毒查杀、智能软件管理、系统安全防护于一身，占用系统资源少，误报率低，但检测范围不够全面。

虽然市场上免费的杀毒软件很多，而且能满足基本的需求，但安全性、保密性以及查杀率仍然比不上专业的付费杀毒软件，如卡巴斯基反病毒软件、诺顿杀毒软件等，这些都是付费的专业杀毒软件。与免费杀毒软

件相比，这些付费的软件更为专业，对病毒的检测率和处理率都比较高，且能查杀一些免费软件处理不了的恶意程序或者破坏性很强的病毒。因此选择免费还是付费的杀毒软件，取决于你日常上网的需求。

（6）病毒查杀步骤

下面，安安博士就以免费杀毒软件——360安全卫士为例，为大家详细讲解病毒查杀的方法和步骤。

第一步：安装后打开360安全卫士，点击"立即体检"

在360安全卫士的界面上，我们可以看到左上角有7个功能菜单，在日常电脑维护时，我们主要用到的是"电脑体检"、"木马查杀"、"电脑清理"、"系统修复"和"优化加速"这5个功能菜单。如果平时电脑没有显示死机、蓝屏等异常情况，可以点击中间的"立即体检"按钮，对电脑进行常规检测，软件会对系统进行一个常规扫描，查找可能存在的问题。如安安博士的电脑有一段时间没有检测了，一体检就发现了很多问题（如下图），这些问题中最重要的一项是高危漏洞。高危漏洞就是指软件本身出现极其严重的漏洞，这些漏洞很容易被病毒、木马、黑客等侵入，导致软件崩溃或者用户被盗取重要信息、密码等。高危漏洞就像是堤坝上被白蚁蛀空的洞穴，如"千里之堤，溃于蚁穴"一样，当漏洞累积到一定程度，也可能会造成电脑崩溃。我们经常对电脑进行体检的主要目的除了发现和删除病毒之外，就是要及时填补系统漏洞，避免电脑被轻易攻击。

第二步：点击"一键修复"

如果第一步体检出来的分数较低、问题较多，可点击"一键修复"，系统会自动进行修复。在修复的过程中，软件可能会提示一些修复项目可能会影响某些功能的使用，让你确认是否要继续修复。这时候，我们可以根据自己的判断和需求来选择。如安安博士遇到的提示是：是否要禁止某播放器应用程序开机启动？安安博士并不需要这个程序的开机启动功能，因此点击了"确定优化"它。等待一段时间后，安安博士就把电脑修复到 100 分啦（如下图）！

第三步：点击"木马查杀"

如果大家觉得自己的电脑用起来不太正常了，就可以用杀毒软件查一查电脑是否中了病毒，主要运用木马查杀功能。360安全卫士的木马查杀主要分为快速查杀、全盘查杀和按位置查杀，我们如果只需要常规检查，做一做预防，可以选择快速查杀；如果想要把电脑每一个角落都检查一下，可以选择全盘查杀；如果觉得只是电脑某一个位置可能存在病毒，可以选择按位置查杀。

明明从网吧用U盘拷贝资料到个人电脑后，就可以选择按位置查杀，对U盘进行单独扫描，以快速地检测U盘是否中了病毒。点击"按位置查杀"后，软件会出现一个弹窗，上面显示了多个勾选项，明明只需要勾选U盘选项，然后点击"开始扫描"就可以了（如下图）。

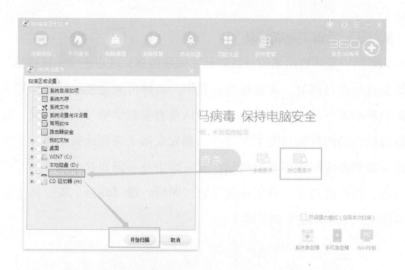

第四步：点击"系统修复"

上面我们提到，及时修复系统漏洞对于预防电脑中病毒具有很重要的作用。因此同学们可以单独点击"系统修复"菜单，进行漏洞扫描，发现系统有漏洞的话，点击"一键修复"，系统就会自动下载并修复漏洞。

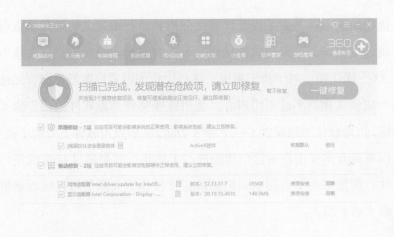

第五步：点击"电脑清理"和"优化加速"

这两个功能是杀毒软件在查杀病毒、修补漏洞之外附带的额外功能，主要是为了清理系统空间，提高系统运行流畅性。如果觉得电脑开机和运行速度过慢、打开网页的时候老是卡顿，就可以用这两项功能来维护电脑。

电脑清理出的内容包括常用软件垃圾、系统垃圾、浏览痕迹等，这些东西大多是可以删除的，我们可以点击各个软件下方的小箭头，对需要清理或保留的信息进行筛选，然后将其他垃圾清理掉，也可以使用"一键清理"（如下图）。

优化加速主要是为了提升计算机开机和运行速度，如果大家觉得电脑开机速度很慢，可以用软件优化一下。安安博士通过扫描，发现电脑上有 32 个优化项。对于我们来说，这些优化的内容可能看不懂，无法把握是否应该优化。不过不用担心，使用这些免费杀毒软件的用户也大多看不懂，因此软件特地设置了一个参考功能，我们点击软件下方的小箭头，便可以看见有多少用户对这个功能进行了优化，如果超过 80% 的用户都已优化，那便多半不会影响到电脑的正常操作，大家便可以放心地进行优化啦（如下图）。

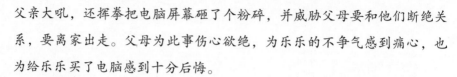

父亲大吼，还挥拳把电脑屏幕砸了个粉碎，并威胁父母要和他们断绝关系，要离家出走。父母为此事伤心欲绝，为乐乐的不争气感到痛心，也为给乐乐买了电脑感到十分后悔。

案例二：

小冰是市重点学校里的一个品学兼优的好学生，他担任了班上的班干部，善良活泼、乐于助人，深受同学们的喜欢。但是，班主任发现，小冰最近突然变得十分沉默寡言，意志消沉。有同学找小冰帮忙时，他非但不帮忙，还一言不合就对同学拳脚相向，在家对父母的态度也十分暴躁，动不动就摔东西。父母对小冰性格的转变感到疑惑，翻看了他的书包，居然发现他随身带着一把锋利的刀。父母无奈之下只能寻求心理医生的帮助，后来才了解到小冰这段时间迷上了网络小说和漫画，而且是暴力色情方面的内容，这让他产生了严重的心理障碍，分不清网络和现实。由于小冰的症状严重，父母只好给他办理了休学，让他接受深入的心理治疗。

案例三：

小宇在高一时原本是一个健康、阳光、上进的好孩子，从来不玩网络游戏，平日里学习态度积极，对他人十分礼貌和尊敬，受到了同学老师的一致夸赞。进入高二那个暑假，小宇本来准备在家看书学习，但堂哥突然来他家玩了几天，带着小宇玩网络游戏。从那以后，小宇就被网络游戏深深吸引住了，再也没有心思学习，成绩惨不忍睹。小宇爸爸一直望子成龙，希望孩子能有出息，但看到小宇的近况十分生气，对小宇又打又骂，希望能让他清醒。但爸爸的做法取得了相反的效果，小宇产生了严重的逆反心理，在一次和爸爸的冲突中，突然拿起桌上的水果刀向爸爸刺了过去，导致爸爸受伤。深陷暴力游戏的小宇并未意识到事情的严重性，没有把爸爸送去医院，反而自顾自地去网吧上网。

看了这些案例后，大家有没有觉得"网络成瘾综合征"十分恐怖？严重患上这种症状的人，就像是被网络上的恶魔牢牢控制着一样，像牵线木偶一样生活，不会理会家人的关心和疼爱，看不到生活中的善良和美好，像被魔鬼吞噬了内心，对他人甚至对整个世界，都充满了恶意。

2."网络成瘾综合征"自测

大家可能还不明白，怎么样才算是患上了"网络成瘾综合征"，自己应该如何测试是否患上这个症状。安安博士在这里引用了美国心理学家杨格提出的诊断网络成瘾的小测试，大家可以自己测一测，看是否已经有网络成瘾的症状。

"网络成瘾综合征"十条标准：

1. 上网时全神贯注，下网后念念不忘"网事"；

2. 总嫌上网时间太少而不满足；

3. 无法控制自己的上网行为；

4. 一旦减少上网时间就会烦躁不安；

5. 一上网就能消除种种不愉快情绪，精神亢奋；

6. 为了上网而荒废学业和事业；

7. 因上网放弃重要的人际交往、工作等；

8. 不惜支付巨额上网费用；

9. 对亲友掩盖自己频频上网的行为；

10. 有孤寂失落感。

上述十条标准是目前判断网络成瘾的主流标准，如果在 1 年间有过 4 种以上症状，便可诊断为"网络成瘾综合征"。我们如果对以上标准无法判断，可以邀请家长或老师一起来做，如果是自己测试的，要及时把测试结果告诉家长哦！

3."网络成瘾综合征"的危害

（1）影响身体健康

患有"网络成瘾综合征"的人经常通宵达旦上网，长时间面对电脑，打破了日常的生活规律，睡眠不足，饮食混乱，缺少运动，容易导致生物功能紊乱，身体易变得越来越虚弱，出现腰酸背痛、头晕眼花、疲乏无力、视力下降，甚至是思维停滞、情绪低落等症状，更严重者还会产生幻觉，导致猝死。

2016年3月，高中学生杨某（化名）在学校期间逃课上网吧玩游戏，由于其尚未成年且自控能力较差，连续上网五天五夜后他突感身体不适，并伴有短暂的抽搐状，随后仰面靠在座位上再也没醒来。据称，杨某是该校有名的英雄联盟玩家，他之所以当场猝死，除了连续上网五天五夜的原因之外，似乎还因为在游戏中即将五杀的时刻被队友抢了，一时间怒气攻心再加上不眠不休已经对身体造成了极大的损害，最终才导致直接猝死。

这是现实的案例，血淋淋的教训，但这类事件已经不是偶然。在百度上用关键词"青少年 玩游戏 猝死"进行搜索，会出现很多青少年因长时间玩游戏导致猝死的事件。因此，大家在上网的时候，一定要有节制、适可而止，千万别因沉迷于虚幻的游戏而不顾自己的身体健康。要知道，身体才是革命的本钱，身体坏了，不用说游戏，你的一切都将没有了。

（2）影响学业

沉迷于网络的青少年，将大把的时光和精力都放在了网络上，对学习的动力和兴趣缩减，学业受到严重影响，成绩急剧下降，甚至有些青少年出现了厌学、逃课等现象，严重者还被学校退学。

学习是学生阶段最重要的事，为了玩游戏而荒废学业，甚至逃课的行为是完全错误的。我们应该对比一下学习和网游二者孰轻孰重，哪个对自己的未来有帮助，哪个能够提升自己的学识，让自己成为一个对社会有用的人。

（3）影响人生观、价值观和世界观

互联网上的信息良莠不齐，包含了很多垃圾信息。据有关调查，在互联网上的非学术性信息中，有47%与色情、暴力、虚假等负面信息有关，这对自制力弱、好奇心强的青少年来说具有很大的消极影响。《中国青少年上网行为研究报告》显示，青少年网民偏重娱乐类应用，网络游戏使用突出，使用网络游戏的比例高出网民平均水平7.9个百分点，中小学生网络游戏使用率最高，比例达到70.9%。

网络暴力、色情是互联网上严重影响青少年人生观、价值观和世界观的两大"毒瘤"。青少年从这些信息中，接受的是不健康的、变态的知识，这不仅会导致青少年人生观、价值观和世界观产生偏差，还可能引发青少年一系列的犯罪行为。

4. 青少年"网络成瘾综合征"的防治

第一，要控制上网目的和时间，切忌盲目性和随意性。由于青少年自制能力较差，在上网时不容易控制自己的行为，因此建议在上网前列一个上网清单，把自己上网需要完成的任务和需要花费的时间列举出来，并设置闹钟或者请家长帮助来严格控制时间，做到严格按照清单上的要求来上网，养成这样的习惯，避免沉迷网络。

第二，要改正上网的不良行为习惯。很多青少年沉迷于网络都是从网络色情或者网络游戏开始的，因此，这些不良行为一定要改正。网络色情和暴力游戏会对我们造成很大的不良影响，一定要远离这些内容，有意识地培养自己健康的网络行为习惯，如上网看新闻、听音乐、参与学习讨论等等。

第三，要多参加现实中的娱乐活动。网络并不是我们的必需品，很多人上网的目的都是为了娱乐。为了避免我们沉迷于网络，我们要多参与现实生活中的娱乐活动，如参加学校的象棋社、音乐社，或者经常去爬山、骑行等。多发现生活中真正的乐趣，你就不会留恋网络的虚幻，从而感受到生活比网络更加美好。

▶ 三、拒绝不良文化，提高网络修养

随着网络的快速发展，网络文化也在迅速崛起。网络文化以网络信息技术为基础，在网络空间形成，是现实社会文化的延伸。网络文化具有其自身独特的文化行为特征、文化产品特色和价值观念。

青少年群体作为互联网的"原住民"，可以说从出生起就深受网络文化的影响，这不仅体现在青少年与网络的直接接触中，还体现在现实生活中其他人身上的网络文化对青少年的影响。因此，我们应该养成健康的上网习惯，主动抵制不良的网络文化，保障自己的身心健康。

1. 网络文化的特征

（1）开放性和虚拟性

网络是一个没有边界、完全开放的虚拟世界，在这样一个空间中形成的网络文化，最明显的特征就是开放性和虚拟性。人们在这个空间中，可以匿名支持或反对他人的看法；可以自由地表达自己的观点，吸引自己的"粉丝"；可以用谐音、形近字缔造出各种各样的网络用语……网民的种种言行，聚集起来就形成了网络文化。这样的网络文化，一方面展现出了丰富多彩的文化形态；另一方面，也出现了诸如虚假、色情、暴力、犯罪等不良的网络文化，危害网络安全。

（2）自我性与大众性

与传统文化相比，开放自由的网络文化具有更宽广的胸怀，能够包

容世间千变万化的文化形态。任何人在网络的世界中，都可以自由平等地畅所欲言，突出自己的兴趣爱好，展现自己的个性。但在网络中，一个人很难完全占据话语的主导地位，大众的声音总是多变而复杂的。可以说，如果网络是一片汪洋大海，那每一个活跃在网络空间中的网民都是汇入海洋的水滴，正是无数个网民的个性化表达与大众化思维，才让网络文化变得如此丰富多彩。

（3）交互性与多元性

互联网最重要的技术变革是使信息传播和交流变得简单和直接。在网络中，人与人之间的交流不再受时间、地点、身份的限制，而是可以毫无阻碍地进行交流，实现了传播主体的平等。同时，由于不同地域、不同民族、不同国家之间的文化存在巨大差异，但在网络这个空间中，这些不同的文化却能融合到一起，实现跨文化的交流、对话与互动，形成多元的网络文化。

2. 青少年如何抵制不良网络文化

首先，我们要正确地认识网络，区分网络文化的利弊，培养健康的上网习惯。作为青少年，我们自身的知识储备不够，对网络文化的认识不够清晰，更应该多加注意不良网络文化的影响。如果自己拿捏不准，要及时向家长和老师请教，以免自己一不小心就遭受不良网络文化的伤害，最后追悔莫及。

具体来看，我们在上网的时候，应该多浏览积极健康的内容，多参加有益于增长见识、培养正向兴趣的活动，如观看网易公开课，听听国内外著名教授的精彩讲课；参加诗词竞赛，与全国各地的青少年们一起比拼文学功底，寻找学习诗词歌赋的乐趣；加入音乐社团，与志同道合的伙伴们交流音乐心得等等。只要大家注意挖掘和培养兴趣，会发现网络上有很多积极健康的内容，有可以增长知识的帖文，有愿意倾心分享知识的朋友，有可以培养自身兴趣爱好的平台。这些内容更适合我们青少年浏览，也更利于帮助我们健康成长和成才。

其次，我们要提高自身网络修养，注重伦理规范，争做合格小网民。网络虽然是一个虚拟空间，但参与网络行为的人却是现实生活中鲜活真实的，因此网络世界实际上也是现实生活的折射和反映。我们青少年不要只看到网络的匿名性、自由性，而忽视了网络主体之间也应该遵守现实生活中的道德行为规范。当前，网络攻击、网络谣言、网络暴力等，严重污染了网络生态环境，每一个新时代的合格网民都有责任和义务维护好健康的网络环境，营造清朗的网络空间。因此，在面对各种各样的网络骂战、人肉搜索等侵犯他人权利的情况时，我们不仅不能同流合污，还应该理性、客观地看待问题，不要被他人不理智的意见牵着鼻子走。

最后，我们要守住底线，培养公民意识和爱国精神，维护国家利益。当前，祖国日益发展壮大、繁荣昌盛，一些西方国家开始进行各种围堵，阻碍我国发展，于是他们就想方设法地搜集我们国家的经济、政治、军事情报，意欲图谋不轨。因此，即使面对国外网站上丰厚的奖品设置、高额的奖金诱惑，我们也应该毫不动摇，绝不泄露国家的机密信息。因为，有国才有家，有了安定团结、繁荣发展的祖国，才能实现我们每个人的人生价值和人生目标。爱国是每个公民的基本义务，我们在任何时候都要自觉维护国家的利益。

后　记

　　互联网是一把双刃剑，它在给我们带来便利生活的同时，也蕴藏着一些危险，其中，网络安全便是我们不可忽视的问题。

　　青少年是使用互联网的主要群体之一，也是互联网社会的未来主人。但由于青少年对网络安全的认识不够，警惕性较低，因此容易受到网络不良信息的侵害。

　　为了让青少年系统地了解网络安全的成因、表现以及危害，引导青少年正确使用网络、安全上网，我们特地编写了这本书。

　　本书围绕"网络安全"这一主题展开，共七章。其中，第一章从总体上介绍网络安全知识，包括互联网的利弊、导致网络安全的因素以及网络安全对青少年的影响。第二章到第七章分别从网络个人隐私、网络社交、网络诈骗、网络不良信息和网络犯罪等方面，具体阐述了上述网络安全问题是如何发生的、怎样对青少年造成危害，以及青少年应该如何应对等。我们构建了一个虚拟人物"安安博士"，在第二章到第六章的"安全小故事""安安小课堂""安全保卫战"等板块中，安安博士为青少年讲述网络安全的案例，分析案例中出现的网络安全问题，并一步步指点青

少年如何规避这样的问题。

　　本书由重庆工商大学马克思主义学院院长王仕勇教授指导。作者长期接触互联网工作，对互联网安全具有深刻认识。具体工作分配为：第一章、第四章和第七章由刘娴完成；第二章、第三章、第五章和第六章由曹雨佳完成。王仕勇负责全书的编写思路及统稿，刘娴负责全书的框架结构设计。西南师范大学出版社的郑持军、雷刚等同志也对本书的撰写及修改提出了诸多宝贵意见。

　　在写作过程中，我们还参考了网络安全相关书籍、论文以及网络资料，参考了一些专家、学者的观点，引用了 CNNIC、CNCERT 等机构的调查数据等，因为各种原因，无法对引用资料一一注明来源。在此，我们对上述文献资料的作者和机构表示诚挚感谢。

　　互联网的发展日新月异，本书的案例、观点难免有不妥之处，同时，由于作者的水平有限，本书还存在一些不足，敬请各位指正！

编者于重庆工商大学

2019 年 8 月